国际转基因作物共存管理政策

◎ 农业农村部科技发展中心　编

中国农业科学技术出版社

图书在版编目（CIP）数据

国际转基因作物共存管理政策／农业农村部科技发展中心编 . --北京：中国农业科学技术出版社，2024.1

ISBN 978-7-5116-6125-8

Ⅰ.①国… Ⅱ.①农… Ⅲ.①转基因植物-作物-研究-世界 Ⅳ.①S33

中国版本图书馆 CIP 数据核字（2022）第 246593 号

责任编辑	崔改泵	
责任校对	李向荣	
责任印制	姜义伟	王思文

出 版 者	中国农业科学技术出版社
	北京市中关村南大街 12 号　　邮编：100081
电　　话	（010）82109194（编辑室）　（010）82109702（发行部）
	（010）82109709（读者服务部）
网　　址	https://castp.caas.cn
经 销 者	各地新华书店
印 刷 者	北京地大彩印有限公司
开　　本	170 mm×240 mm　1/16
印　　张	6.75
字　　数	100 千字
版　　次	2024 年 1 月第 1 版　2024 年 1 月第 1 次印刷
定　　价	50.00 元

《国际转基因作物共存管理政策》
编 委 会

目　　录

第四篇　日本转基因作物共存相关规定

第一篇

美国转基因作物共存相关规定

美国农业部农业市场服务局关于禁止在有机农业中使用转基因生物的规定（2013 版）

在有机产品中禁止使用转基因生物。这意味着有机种植的农民不能使用转基因种子进行种植，有机奶牛不能饲喂转基因苜蓿或玉米，有机调味品生产商不能使用任何转基因成分。为了符合美国农业部的有机法规，农民和加工商必须证明他们没有使用转基因生物，并且保证他们的产品从农场到餐桌不接触违禁物质。

一、预防措施

有机产品相关的操作会根据特定场所的风险因素，实施预防措施。这些风险因素包括邻近的传统农场、共享的农场设备或加工设施等。例如，农民可以采取以下措施。

1. 提早或延后播种，以避免有机和转基因作物同时开花（这会导致异花授粉）。

2. 在开花前收获作物，或者与邻近的农场签订合作协议，避免在有机作物旁边种植转基因作物。

3. 在转基因地块的边缘指定缓冲区，按照有机管理，但缓冲区农作物不作为有机产品出售。

4. 彻底清洁任何共享农具或加工设备，以防止转基因生物或禁用物质的意外暴露。

以上所有措施都需要记录在农民的有机系统计划中，该书面计划应描述要采取的措施，包括防止有机作物与禁用物质或非豁免方法获得的产品（如转基因生物）接触的物理屏障。

二、监督

现场检查和查看记录，以证实农民一直遵循有机系统计划。此外，认证机构进行残留测试，以确定这些预防措施是否足以避免接触禁用农药、抗生素和转基因生物等物质。任何经认证的有机操作被发现使用违禁物质或转基因生物可能面临处罚，包括取消有机认证和经济处罚。然而，与许多杀虫剂不同，美国农业部对有机产品中没有规定具体的转基因生物容忍阈值。因此，国家有机计划政策规定，微量的转基因生物并不意味着农场违反了美国农业部的有机法规。在这种情况下，负责认证的工作人员将调查这种疏忽是如何发生的，并给出建议将来如何更好地防止这种情况。例如，可能需要使用更大面积的缓冲区或更彻底地清洁共用的谷物碾磨机。

三、区分种植的方式

在下面的示意图（图1）中，有机种植农民建立了多个缓冲区来保护其有机作物不受转基因生物的干扰。在他的农场与传统农场接壤的地方，划出了一块区域进行有机种植（例如，不使用违禁农药），但不会将那块土地上的作物作为有机产品出售。他还在地块边界张贴了"禁施农药"的标志，并在左侧设置了另一个缓冲区，以保护农场免受当地道路上意外物质的影响。他家右侧的最后一个缓冲区包括一排树木，以减少水土流失，防止径流进入邻近的河中。

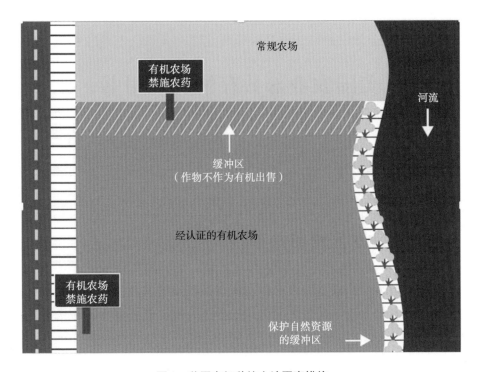

图 1　美国有机种植土地隔离措施

四、美国农业部进一步解决问题的方式

美国农业部支持所有的农业生产方式，包括有机、传统和生物技术。为了帮助这些不同的生产方式更好地共存，美国农业部召集组织了一个生物技术和 21 世纪农业咨询委员会（"AC21"），有机利益相关者在 AC21 中有充分的代表性。消费者购买有机产品，期望它们从农场到市场都保持完整的有机特性，美国农业部致力于满足这些需求。不管产地在哪儿，如果一个产品有美国农业部的有机标签，它就不是转基因产品。

美国农业部共存情况说明书
最佳实践方案

一、农业生产中的共存

　　全球对健康食品日益增长的需求正在推动美国农业不断发展，并有助于不同生产类型适应不同市场的需求。使用有机、常规或生物技术方法种植的作物都为食品行业和畜牧业以及消费者提供了丰富的选择。理解和尊重这些不同类型作物种植方式的差异，对每个农民来说都很重要，这将有助于实现全国范围内不同农业生产方式的共存。

二、帮助实现共存的工具

　　国家或当地社区利用一些工具来帮助种植不同类型作物的农民成功实现共存。使用这些工具不仅有助于降低混杂的风险，而且有助于促进特定地区农民之间的良好沟通。

(一) 定位地图

　　隔离特定地理区域的某些品种，可以通过定位地图来完成。在种植之前，特定地区的农民会召开会议商定他们所在地区的哪些区域将专门种植不同类型的作物，包括常规作物和有机作物。该地图在整个生长季节由第三方进行管理，如该地区的商贸组织或当地大学的推广部门。需要指出的是，定位地图并不是一个有约束力的法律协议，但能帮助种植者相互协调和解决冲突，也有助于促进特定地区不同种子公司之间的交流。种子公司同意设定基于终端市场买家要求的质量标准和最小隔离距离。种子公司也可以使用定位地图来指导拟定与种植者的合同协议。

（二）种植区

与定位地图类似，特定种植区是在农民播种之前商定的区域，以确定在某些地块将进行哪种类型的生产。这有助于农民知道如何采取额外的预防措施，以尽量减少混杂的风险。理想情况下，有机、常规或生物技术作物的种植区由距离、地形、植被甚至建筑物分隔开，以帮助混杂最低化。最好通过使用与该地区农民共享在第三方的定位地图进行交流来确定种植区。

（三）缓冲带

缓冲带为农田外缘的一小块区域或带状地块，用于阻挡杀虫剂和花粉进入农田，以帮助减少混杂。在某些情况下，缓冲带可以是水道、天然牧草或树木，还可以是分开收获和处理的作物种植区域。如果设置和维护得当，它们可以避免高达50％的农药干扰。树篱或较高的作物如玉米，也可以用作缓冲带。在确定哪种类型和宽度的缓冲带最合适之前，要考虑地形、风型、附近地块的距离和其他因素。不同类型的作物需要不同类型的缓冲带，以适当保护地块，避免混杂风险。

（四）第三方验证

为了帮助农业链的不同部分之间提供可用的信息，往往需要第三方的核实。这种验证可以通过个人或独立实体来完成认证项目。例如，寻求USDA认证的有机种植农民需要将认证作为种植计划的一部分，生物技术种子制造商需要通过质量管理体系认证。

三、最佳实施方式

转基因作物种植者可以通过遵循以下指导原则来支持和帮助邻近种植有机或常规玉米的农民。

1. 如果种植 Bt 抗虫作物品种，请遵守庇护所法规。

2. 与邻近的农民建立良好的沟通，了解你所在地区种植有机或常规作物的位置。

3. 与邻居协调种植日期，尽量减少花粉漂移。

4. 在合适的天气条件下喷施农药，以避免农药漂移。

5. 定期清洁设备，尤其是用于多个地块的设备，粉末残留和谷物会污染有机和常规地块。

6. 保持良好的记录，以确保采取正确的最佳管理做法；当出现与其他类型作物混杂或污染的情况时，这可能有助于减少所需担负的责任。

对于有机和常规作物的农民来说，下面的指导方针可以帮助他们最大限度地降低来自邻近的非有机或非常规作物混杂的风险：

1. 核实供应商提供的种子是否为生物技术种子。

2. 与邻近的农民建立良好的沟通，知道哪些邻居在种植生物技术作物，在哪些田地种植。

3. 将地块定位为种植有机或常规作物的地块。

4. 通过使用防风墙或设置距离隔离，形成物理屏障。

5. 与种植生物技术作物的邻居协调种植时间，以消除花粉漂移影响。

6. 保持收割和运输车辆的清洁或隔离，以最大限度地降低混杂风险。

7. 保持设备、储存设施和运输装置的清洁。

8. 保持良好的记录。

9. 保存种子、收获物和交付作物的样本。

10. 如果允许，了解合同中描述的生物技术产品的存在容忍度。

使用上述适当的种植和管理技术将有助于发展各种类型和规模的农业产业，也将有助于加强美国有机、常规和生物技术作物的市场。

第二篇

巴西转基因作物共存相关规定

巴西国家生物安全技术委员会
第 4 号规范性决议
（2007 年 8 月 16 日）

该决议发布于 2007 年 8 月 23 日的《联邦官方公报》第 19 页第 1 部分。

该决议规定了转基因玉米和非转基因玉米商业化种植地块之间的最小距离，旨在实现生产系统之间的共存。

根据 2005 年 3 月 24 日第 11105 号法律第 14 条第二项的规定，国家生物安全技术委员会利用法律和条例赋予的权力，作出如下决定。

第一条 建立转基因玉米和非转基因玉米商业化种植之间的最小隔离距离，允许不同的生产系统在田间共存。

第 1 款 就本规范而言，转基因玉米应理解为通过基因工程技术获得的玉米及其后代。

第 2 款 该规范性决议中的规定不适用于 2003 年 8 月 5 日第 10711 号法律管辖的种子生产活动，第 10711 号法律规定了国家种子和幼苗生产制度。

第二条 为了允许这种共存，转基因玉米和邻近地区的非转基因玉米之间隔离的距离应≥100 m，或者隔离距离 20 m 并种植至少 10 行与转基因玉米株高和生长周期相似的常规玉米。

第三条 该规范性决议自公布之日起生效。

第三篇

欧盟及其成员国转基因作物共存相关规定

关于确保转基因作物与常规及有机农作物共存的国家战略发展和最佳实践方案的指导准则

（2003 年 7 月 23 日，布鲁塞尔）

欧盟委员会：

根据：

《建立欧洲共同体条约》（尤其是第 211 条），以及委员会向欧洲议会、理事会、经济和社会委员会、地区委员会递交的关于"生命科学和生物技术——欧洲战略 ［COM （2002） 27］ "的信函（尤其是其中的第 17 部分）。

鉴于：

1. 任何形式的农业，无论是常规的、有机的，还是使用转基因生物的农业，都不应该被排除在欧盟之外。

2. 维护不同农业生产体系的能力是为消费者提供高度选择权的先决条件。

3. 共存是指农民在履行标识和/或产品纯度标准的法律义务的同时，可以在常规作物、有机作物和转基因作物中做出实际选择的能力。

4. 必要时，保护环境和人类健康的具体共存措施，将被纳入依据第

2001/18/EC 号指令授权程序形成的最终同意书中，作为履行法律的义务。

5. 本建议中所述的共存问题，涉及转基因作物与非转基因作物混杂造成的经济损失和影响，采取适当管理措施以尽量减少混杂。

6. 欧盟农民经营农场的社会和自然条件不同，农业结构和耕作制度多样化，使得共存措施的有效性和成本在欧盟不同地区间差异很大。

7. 欧盟委员会认为，共存措施应该由各成员国制定和实施。

8. 欧盟委员会通过发布解决共存问题的指导方针，对各成员国提供建议和支持。

9. 此类指导方针应提供一份关于制定国家战略和共存最佳措施的基本原则和要素清单。

10. 本建议在官方公报上公布两年后，根据成员国提供的信息，委员会将向欧盟理事会和欧洲议会提交关于成员国共存所采取的措施及取得经验的报告，包括评估结果以及所有的评估程序。

在此建议：

1. 成员国制定国家战略和共存最佳措施时，应遵循本建议附件中提供的指南。

2. 这项建议是针对成员国的。

附件：

1　引言

1.1　共存的概念

在欧盟种植转基因生物可能会对农业生产团体产生影响。一方面，存在非转基因中偶然（无意）混杂转基因作物，或转基因作物中偶然（无意）混杂非转基因作物的可能性，从而产生如何保证生产商选择不同原料类型的问题。原则上，农民可以选择其种植的农作物类型：转基因作物、常规作物或有机作物，任何农作物生产方式都不应被欧盟排斥在外。另一方面，与消费者的选择权有关。为了让欧洲消费者在转基因和非转基因食品间做出真正的选择，不仅要有有效的溯源和标识系统，还需要有能提供不同类型商品的农业部门。食品工业为消费者提供食品可选择性的能力与农业部门维护不同生产系统的能力息息相关。共存是指农民在履行标识和/或产品纯度标准的法律义务的同时，可以在常规作物、有机作物和转基因作物间做出实际选择的能力。

非转基因作物中无意混杂的转基因成分超过立法规定的阈值时，需要贴上含有转基因成分的标签，这会因为转基因作物较低的市场价格或销售困难而导致收入减少。此外，农民因为不得不采取监测系统和措施来尽量减少转基因与非转基因间的混杂，而增加生产成本。因此，共存涉及的问题主要是转基因作物与非转基因作物混杂的潜在经济影响、降低混杂的可行管理措施的制定，以及管理成本等。

农业上不同生产类型的共存不是一个新问题。例如，种子生产者在实施农场管理方面有丰富的经验来保证种子纯度。农业上其他隔离的例子还包括：在欧盟农业生产中，用作动物饲料的黄马齿玉米与几种人类食用的特色玉米以及淀粉工业用的糯玉米成功的共存。

1.2 共存产生的经济影响与环境和健康影响的区别

明确区分共存产生的经济影响和 2001/18/EC 号指令中关于转基因生物环境释放所带来的环境和健康影响是十分重要的。

根据 2001/18/EC 号指令中规定的程序，转基因生物批准进入环境前需要进行全面的健康和环境风险评估。风险评估的结果可以是以下结果之一。

（1）证明会对环境和健康产生无法控制的不利影响，这种情况下将被拒绝授权。

（2）没有发现对环境或健康产生不利影响的风险，这种情况下将会被授权，不需要提供法律规定以外的管理措施。

（3）有风险，但可以通过适当的措施加以管理（例如物理隔离和/或监控），在这种情况下，将会得到以具有实施环境风险管理措施为前提的授权。

如果在批准后发现环境或健康风险，则根据指令第 23 条规定的保障条款，启动撤销授权或修改授权条件的程序。

因为只有经授权的转基因生物才能在欧盟种植，2001/18/EC 号指令已经涵盖了环境和健康影响的各个方面。因此，共存背景下有待解决的问题就是转基因与非转基因作物混杂所带来的经济影响。

1.3 共存圆桌会议

2003 年 4 月 24 日，欧盟委员会在布鲁塞尔举办了针对转基因与非转基因作物共存的最新研究结果进行审议的圆桌会议，会议主要研究了转基因玉米和转基因油菜进入欧盟农业所带来的共存问题。专家小组介绍了科研进展，与代表农业部门、制造业、非政府组织的一系列利益相关者、消费者和其他参与者进行了讨论。圆桌会议力求根据实际农业生产的经验，为利用任何农艺及其他措施促进不同农业生产类型可持续共存发展，提供科学和技术基础。

本准则借鉴了圆桌会议的结果，参加圆桌会议的科学家编写了一份摘要，可在以下网站上获得：http：//europa.eu.int/comm/research/biosociety/index。

1.4　辅助性原则

欧洲农民的工作环境极为多样化，欧洲各地在农场规模、生产制度、作物轮作、种植模式以及自然条件等方面差别很大，在设计、实施、监测和协调共存措施时应对此加以考虑。采取的措施必须根据农场结构、耕作制度、耕作模式以及地区的自然条件来决定。

为此，在 2003 年 3 月 5 日会议上，委员会同意由成员国制定和实施共存管理办法和措施。委员会的作用包括：汇集社会和国家层面的相关研究、协调相关信息、提供建议和发布指导方针，这将有助于成员国建立最佳共存方案。

在农民和其他利益相关者的共同参与下，充分考虑国家和地区因素，制定和实施国家或地区层面的共存策略和最佳方案。

1.5　准则的目的和范围

本准则向成员国提出的建议不具有约束力，使用范围从农场的农作物生产一直延伸到第一个销售点，即"从种子到筒仓"（该指南涉及种子和作物生产，转基因作物的环境释放不在考虑范围）。该文件目的是帮助各成员国制定国家策略和方法来解决共存问题。该准则主要侧重于技术和程序，提供了一般原则和要素清单，以帮助成员国建立共存的最佳方案。

该文件无意提供一套可在各成员国直接使用的详细措施，因为要制定最高效、经济的共存实践方案，许多重要因素与国家和区域条件有关。

此外，考虑到科学和技术的发展，制订共存的管理计划和最佳措施应该是一个动态过程，应随着时间的推移留有改进的余地并逐步完善。

2　一般原则

本节列出了成员国在制定国家共存策略和最佳措施时应考虑的一般原则和因素。

2.1 共存策略的制定原则

2.1.1 透明度和利益相关者的参与

应与所有的利益相关方合作，以公开透明的方式制定国家共存策略和最佳措施。成员国应充分公开决定采取的共存措施的有关信息。

2.1.2 科学决策

共存管理措施应是反映转基因作物与非转基因作物混杂的可能性和来源的最佳科学依据。允许种植转基因和非转基因作物，需确保非转基因作物中转基因成分低于欧盟立法规定的阈值。

应不断评估和更新现有的科学证据，既要考虑到对转基因作物的商业化种植的监测研究结果，同时也需考虑到新研究的田间试验结果。

2.1.3 基于现有的隔离措施/实践

建立共存管理措施应考虑到现有的隔离方法，以及关于如何处理身份明确的非转基因作物和种子生产的现有农业经验。

2.1.4 适用性

共存管理措施的效率和成本应保持恰当比例，不应为了确保转基因成分低于欧盟立法规定的允许限度而过度增加成本。应避免给农民、种子生产者、合作企业和与各生产类型有关的其他参与者带来不必要的负担。管理措施应考虑到区域和地方的限制等情况，还要考虑相关作物的具体特性。

2.1.5 规模适当

在考虑所有备选因素时，应优先考虑农场特定管理措施和旨在协调邻近农场的措施。

也可以考虑区域层面的措施，但这种措施应只适用于种植与确保无法与其他共存的特定作物，其地理范围应尽可能加以限制，只有在通过其他方法无法达到足够纯度的情况下，才应考虑采取区域措施。区域措施应针对每种作物和产品类型（例如种子与作物）分别证明其有效性。

2.1.6　措施的特殊性

共存措施的制定应考虑到作物种类、作物品种和产品类型（例如作物或种子）之间的差异，影响转基因和非转基因混杂程度的区域差异（如气候条件、地形、种植模式和轮作制度、农场结构、特殊作物与转基因共享种植区域）也应加以考虑，以保证措施的有效性。

成员国应首先将重点放在已获批准或接近授权、且可能在本国领土上大规模种植的转基因品种。

2.1.7　措施的实施

国家共存战略应确保所有生产类型农民之间的利益公平，应鼓励农民之间的合作。

建议各成员国建立有利于相邻农民之间进行协调和自主安排的机制，并制定具体规定程序和规则，以解决农民之间对执行有关措施产生的分歧。

一般原则下，在一个地区引进一种新的产品类型时，其经营者（农民）应负责实施限制基因漂移所必需的农场管理措施。

在不改变周边地区已经形成的生产模式的前提下，农民可以自由选择他们喜欢的产品类型来进行生产。

计划种植转基因作物的农民应将其意图告知邻近的农民。

成员国应确保与邻国进行跨境合作，以保证在边境地区共存措施的有效实施。

2.1.8　政策工具

没有特别用于共存的政策工具。成员国可探索使用不同的政策，例如自愿协议、软法途径和立法，并选择最有可能实现有效执行、监测、评价和控制及监管的有机组合。

2.1.9　赔偿规则

在转基因与非转基因混杂造成经济损害的情况下，采用的手段类型可能会影响国家赔偿责任规则的适用性。建议成员国审查其民事责任法，以查明现行国内法规在这方面是否完备和平等。农民、种子供应商和其他经营者应充分了解其国家在转基因与非转基因混杂造成损害时适用的责任标准。

在这方面，成员国可调整现有保险机制的可行性和适用性，或建立新机制。

2.1.10　监测和评估

所采用的管理措施和手段应接受监测和评估，以核实其有效性，并随着时间推移改进措施。

成员国应建立适当的监管制度，以保证共存措施的正常运作。

考虑到科学和技术进步带来的新进展，这些进展可能会促进共存，应定期修订关于共存的最佳措施予以适应。

2.1.11　在欧盟层面提供交流信息

在不影响欧盟现有立法和程序的情况下，成员国应向委员会通报他们国家的共存策略、所采取的特殊措施以及共存措施效果的监测和评估结果。委员会将协调有关措施、经验和最佳方案的信息交流。及时的信息交流可以产生协同效应，并有助于避免不同成员国重复尝试相同的做法。

2.1.12　研究与结果共享

成员国应与利益相关方合作，鼓励和支持有助于提高共存认知的研究活动。成员国应向委员会通报这一领域正在进行和计划进行的研究活动，应大力鼓励成员国之间分享研究成果。

关于共存的研究也得到第六届欧盟研究框架计划的支持，欧盟联合研究中心将对共存问题进行更多的研究。

委员会将促进欧盟和成员国正在进行和计划中的研究项目的信息交流。信息交流可以协调成员国之间以及第六届欧盟研究框架计划下开展的研究活动。

2.2　应考虑的因素

本节提供了一份非全面的清单，列出了在制定国家策略和最佳共存措施时应考虑的因素。

2.2.1　要达到的共存水平

转基因作物和非转基因作物共存的问题可能出现在不同的层面。例如：

（1）一个农场同时或连续几年生产的转基因和非转基因作物。

（2）同年在邻近农场生产的转基因和非转基因作物。

（3）同一地区种植转基因和非转基因作物，但农场间间隔一段距离。

共存的措施应具体到要实现的共存水平。

2.2.2　无意混杂的来源

转基因和非转基因作物之间混杂的来源不同，包括：

（1）邻近农场间的花粉漂移，无论距离远近都有可能（取决于可能影响基因漂移的物种和其他因素）。

（2）收获和收获后作业期间的作物混杂。

（3）在收获、运输和储存期间，转移种子或其他有活力的植物材料。其中，在一定程度上动物活动也可能会导致种子的转移。

（4）自生苗（种子在收获后留在土壤中并存活数年）。在某些作物（如油菜）中，这种混杂来源可能比其他作物影响更大（编者注：因油菜为异花授粉作物），有时也取决于气候条件（例如，玉米种子可能无法经受霜冻）。

（5）种子纯度不够。

识别不同来源的混合物的累积效应很重要，包括随着时间的推移带来的累积效应，这可能会影响到种子库或农场对自留种的利用。

2.2.3　标识阈值

关于共存的国家策略和最佳措施应参考法定的转基因食品、饲料和种子适用的标识阈值和纯度标准。

目前，第49/2000号法规（理事会条例）的修订版即第1139/98号法规规定，食品的标识阈值为1%。在《转基因食品和饲料条例》中确定了涵盖食品和饲料的标识阈值，这些标识阈值同样适用于常规农业和有机农业。对于非转基因生物在转基因生物中的偶然出现，实际上没有法律阈值。

一般作物的种子生产中对纯度标准的特殊要求同样适用于转基因品种的种子。

《有机农业条例》（第 1804/1999 号理事会条例）规定，有机农业生产中不得使用转基因生物，因此不能使用标识为含有转基因生物的材料，包括种子。但是，种子中含有的转基因种子如果低于标识阈值（即不需要标识转基因）则可以使用。有机农业法规允许为转基因生物的无意混杂设定一个特定的阈值，但在阈值没有设定好以前，则适用一般阈值。

2.2.4 作物种类和品种特异性

（1）作物异交率，例如小麦、大麦和大豆主要是自花授粉作物，而玉米、甜菜和黑麦是异花授粉作物。

（2）作物异花授粉方式（如风媒、虫媒）。

（3）作物形成自生苗的潜力，以及种子在土壤中保持活力的时间。

（4）与近缘物种和品种（无论是人工种植的还是野生的）的异花授粉潜力，这受到作物的自花授粉和异花授粉的程度、花粉释放时花朵的可接受性，以及花粉与受体植物花柱之间的相容性等因素的影响。

（5）花粉源作物和花粉受体作物的开花时间，二者花期的重叠程度。

（6）花粉的存活时间，取决于植物种类、品种和环境条件，如空气湿度。

（7）花粉之间的竞争，这种竞争受花粉受体作物自身产生的花粉和花粉源产生的花粉压力的影响，可能取决于作物的品种。在杂交作物生产中，可能会产生大量无花粉的雄性不育株，这使得它们更容易受到外界花粉压力的影响。

（8）饲料与粮食生产（如青贮和谷物玉米）：耕作制度和耕作周期长度等方面有差异。

（9）通过花粉流进行的遗传交换对收获物混合率的影响程度，例如对收获的土豆或甜菜没有影响；在青贮玉米生产中，收获的材料不同程度地由可受基因交换影响的玉米植株和不受基因交换影响的植物材料组成。

2.2.5　作物与种子生产

（1）作物和种子生产的标识阈值会有所不同。

（2）对于种子生产，委员会目前正在制定具体立法。

2.2.6　区域影响

（1）该地区特定作物的转基因占比。

（2）必须在特定区域共存的作物品种（转基因和非转基因）的数量和种类。

（3）区域中地块的形状和大小，小地块比大地块受花粉输入影响程度相对更高。

（4）属于单个农场的地块分散程度和地理分布情况。

（5）区域性农场管理实施情况。

（6）地区性的作物轮作制度和种植模式，要考虑到作物特有的种子活力期限。

（7）传粉者（昆虫等）的活动、行为方式和种群数量。

（8）气候条件（如降水分布、湿度、风向和风力强度、空气和土壤温度）影响传粉者的活动和空气中花粉的运输，并可能影响种植的作物类型、种植过程中的开始日期、生长时间和年产量周期等。

（9）地形（如山谷或水面影响气流和风力）。

（10）周围的结构，如树篱、森林、未开垦区域和地块的空间分布。

2.2.7　遗传异交障碍

生物学措施控制基因漂移可以降低异花授粉的风险［例如无融合生殖（即无性繁殖种子）、细胞质雄性不育、叶绿体转化］。

3　共存措施指示性目录

本节提供了一个开放式的农场管理和其他共存措施的目录，这些措施可能在不同程度上以各种组合方式成为国家共存策略和最佳措施的一部分。

3.1　措施的叠加性

使用不同的防止花粉向相邻农田漂移的措施组合，在一定程度上可能会产生协同作用。例如，如果同时采取适当措施（安排不同花期、使用花粉量少的作物品种、花粉收集器、篱笆等），则可以减少同一作物的最小隔离距离。

最有效、最划算的一套措施将受到第 2.2 节所列因素的影响，并且在不同作物、不同地区之间可能有很大差异。

3.2 农场措施

3.2.1 播种、种植和土壤耕作前的准备

（1）同一物种（同一属）的转基因和非转基因作物之间的隔离距离。

隔离距离应指定为作物异交潜力的函数。对于异花授粉作物，如油菜，需要更长的距离。对于自花授粉作物和收获的产品不是种子的植物，如甜菜和土豆，可以缩短距离。隔离距离应尽量缩小，虽然消除花粉介导的基因漂移无法完全实现，但目的是确保转基因成分水平低于标识阈值即可。

如果作物生产和种子生产存在不同的阈值，隔离距离应相应调整。

（2）缓冲区，作为隔离距离的替代或补充（包括退耕和休耕的可能性）。

（3）花粉收集或障碍物（如树篱）。

（4）适当的作物轮作制度（例如通过引进一种自生苗无法开花的春季作物来延长轮作期；或缩短同一物种的转基因和非转基因品种之间以及同一属的不同物种之间种植时间间隔）。

（5）规划作物的生产周期（如不同开花期和收获期的种植安排）。

（6）通过适当的土壤耕作缩小种子库的规模（例如，避免油菜收获后进行翻耕）。

（7）通过适当的种植方法、使用选择性除草剂或综合杂草控制技术管理田间边界的植物种群。

（8）选择最佳播种期和适当的种植技术，将外逸程度降至最低。

（9）仔细处理种子以避免混杂，包括种子的独特包装和标识以及种子的单独储存。

（10）使用花粉量少的品种或雄性不育品种。

（11）播种机使用前和使用后要进行清洁，以防止之前操作遗留有种子，以及种子在农场的意外扩散。

（12）只与使用相同生产类型的农民共享播种机。

（13）防止种子在往返田间和田间边界时遗撒。

（14）结合下一季的适当播种时间控制/消灭自生苗，以避免自生苗的蔓延。

3.2.2　收获和收获后的田间处理

（1）只在适当的地块和区域（如田块中心）保存种子。

（2）最大限度地减少收获期间的种子遗撒（例如，通过优化收获时间，最大限度地减少种子脱落）。

（3）在使用前和使用后清洁收割机，以防止之前操作遗留有种子，并避免种子意外散播。

（4）只与使用相同生产类型的农民共享收割机。

（5）如果其他措施被认为不足以将混杂度降低到标识阈值以下，则可将地块边沿与其他地块分开收割，并单独存放。

3.2.3　运输和储存

（1）确保在收获后至第一个销售点过程中，转基因作物和非转基因作物的物理隔离。

（2）使用适当的种子储存措施。

（3）避免收获的作物在农场内和从农场到第一个销售点运输过程中的遗撒。

3.2.4　田间监测

监测种子散落地点、地块内和地块边缘的自生苗生长。

3.3　相邻农场间的合作

3.3.1　播种计划信息

通知与下一个种植季种植计划相关的农场。在订购下一个生长季的种子之前，就应及时通知。

3.3.2 协调管理措施

（1）自愿将不同农场的田地聚集在一起，在一个生产区种植类似的作物品种（转基因、传统或有机）。

（2）选用不同开花期的作物品种。

（3）安排不同的播种期，以避免开花期间的异花授粉。

（4）协调作物轮作。

3.3.3 农民之间关于单一种植类型区域的自愿协议

如果邻里间在自愿协议的基础上进行协调，就可以大大减少转基因和非转基因生产类型区分的成本。

3.4 监测方案

（1）建立通知系统，鼓励农民报告在执行共存措施时出现的问题或意外情况。

（2）将从监测中获得的反馈意见作为进一步调整和完善共存国家策略和最佳措施的基础。

（3）建立针对关键环节的有效控制方案和机构，以确保共存管理措施的正常运行。

3.5 土地登记

（1）根据第 2001/18/EC 号指令第 31.3（b）条建立的登记册可以成为监测转基因作物种植情况、帮助农民协调当地生产模式和监测不同类型作物发展情况的有力工具。同时，还有助于提供基于定位系统的转基因、非转基因和有机农业的种植地图。这些信息可以通过互联网或其他方式公开。

（2）为种植转基因作物的地块建立识别系统。

3.6 记录保存

制定与以下信息相关的农场记录。

（1）种植过程以及转基因作物的处理、储存、运输和销售。一旦关于转基因生物的溯源和标识立法提案（欧洲议会和理事会关于转基因生物的溯源和标识以及以转基因生物为原料生产的食品和饲料产品溯源的法规提案）获得通过，法律将要求农民建立体系，以确定他们从谁那里获得了转基因生物，以及他们向谁提供了转基因生物，包括转基因作物和种子。

（2）农场实施的共存管理实施情况。

3.7　培训和推广计划

为了提高农民和其他感兴趣的团体对共存的认知，成员国应鼓励在自愿或义务的基础上为农民举办培训班以及推广相关方案，并为执行共存措施提供技术支持，这可能包括培训向农民提供有关建议的专业人员。

3.8　信息提供和交流以及咨询服务

（1）成员国应确保农民充分了解特定生产类型（转基因或非转基因）的影响，特别是关于他们执行共存措施的责任，及转基因与非转基因混杂造成经济损害后的责任。

（2）所有相关的经营者都应充分了解将要实施的具体共存措施。这种具体信息的传播，其中一种可能是要求种子供应商将这些信息附在种子批次包装上。

（3）成员国应鼓励农民和其他利益相关方之间有效和定期地交流信息并建立网络。

（4）成员国应考虑建立基于互联网或电话的信息服务（"转基因热线"），为特定的信息请求提供答复，并就转基因生物相关的技术、商业和法律问题向农民和其他经营者提供咨询服务。

3.9　争议情况下的和解程序

为解决相邻农民之间在执行共存措施方面存在的分歧，建议各成员国采取措施执行调解程序。

欧盟委员会关于制定国家共存措施以避免常规和有机作物中意外出现转基因生物的准则

（2010 年 7 月 13 日，布鲁塞尔）

欧盟委员会：

根据：

《欧盟运行条约》，特别是其中第 292 条；欧洲议会 2001/18/EC 指令和 2001 年 3 月 12 日理事会关于故意向环境中释放转基因生物以及废止理事会第 90/220/EC（1）指令的第 26a 条第二款。

鉴于：

（1）指令 2001/18/EC 第 26 a 条规定，成员国可采取适当措施，避免在其他产品中出现非预期的转基因生物，尤其适用于避免在其他作物中出现转基因作物，如常规作物或有机作物。

（2）欧盟的农业结构和农业体系，以及农民在何种经济和自然条件下经营生产，都极其多样化。在设计措施以避免转基因作物在其他作物中意外出现时，需要考虑欧盟耕作制度和自然及经济条件的多样性。

（3）成员国的公共事物当局可能有必要在种植转基因生物的地区制定适当的措施，允许消费者和生产者在常规、有机和转基因生产之间做出选择（以下简称"共存措施"）。

（4）在种植转基因生物的地区采取共存措施的目的是避免在其他产品中出现非预期的转基因生物，防止潜在的经济损失和转基因与非转基因作物混杂的影响（包括有机作物）。

（5）在某些情况下，根据经济和自然条件，可能有必要将转基因作物从大面积种植中排除，这种可能性应建立在成员国提供证据的前提下，即在这些地区，其他措施不足以防止转基因生物意外出现在常规或有机作物中。此外，限制措施必须与目标相适应（即保护常规或有机农民的特殊需要）。

（6）以科学为基础，结合欧盟认证授权制度和成员国自由的条件下，决定他们是否希望在其领土上种植转基因作物。委员会认为成员国应采取措施以避免转基因作物意外出现在常规和有机作物中。

（7）有必要取代第 2003/556/EC 号提议，以更好地为成员国提供措施避免转基因生物意外出现在常规和有机作物中。因此，目前的指南内容仅是在制定共存措施的主要原则，成员国需要有充分的灵活性，以考虑他们地区和国家的具体情况，以及常规、有机和其他类型的作物和品种的特殊需求。

（8）欧洲共存局将继续与成员国一起制定共存措施的最佳实践方案以及有关问题的技术准则。

已通过以下建议：

1. 在制定国家措施以避免常规和有机作物中意外出现转基因生物时，成员国应遵循本建议附件中提供的指导方针。

2. 建议 2003/556/EC 废止。

3. 这项建议是向成员国提出的。

2010 年 7 月 13 日 于布鲁塞尔

委员会成员 约翰·达利

附件：

1 引言

1.1 避免在常规作物和有机作物中意外出现转基因生物的国家共存措施

在欧盟种植转基因生物可能会对农业生产团体产生影响。一方面，存在非转基因中偶然（无意）混杂转基因作物，或转基因作物中偶然（无意）混杂非转基因作物的可能性，从而产生如何保证生产商选择不同原料类型的问题。原则上，农民可以选择其种植的农作物类型：转基因作物、常规作物或有机作物。这种可能性应该与一些农民和经营者的愿望相结合，以确保他们的作物中转基因生物的含量尽可能低。另一方面，与消费者的选择权有关。为了让欧洲消费者在转基因和非转基因食品间做出真正的选择，不仅要有有效的溯源和标识系统，还需要有能提供不同类型商品的农业部门。食品工业为消费者提供食品可选择性的能力与农业部门维护不同生产系统的能力息息相关。非转基因作物中无意混杂的转基因成分超过立法规定的阈值时，需要贴上含有转基因成分的标签，这会因为转基因作物较低的市场价格或销售困难而导致收入减少。此外，农民因为不得不采取监测系统和措施来尽量减少转基因与非转基因间的混杂，而增加生产成本。

然而，对于特定农产品（如有机产品）的生产者来说，潜在的经济损失的原因并不一定局限于超过欧盟法定的 0.9% 阈值。在某些情况下，根据市场需求和各自的国家立法规定（例如一些成员国已经开发出针对不同类型非转基因食品标识的国家标准），特别是转基因粮食作物的存在阈值甚至低于 0.9%，可能对希望将其作为不含转基因生物产品的经营者造成经济损失。

此外，转基因生物的混杂对特定产品的生产者有特殊影响（如从事有机的农民），对最终的消费者也有影响。由于这种生产往往成本更高，因此有必要采取更严格的隔离措施来避免出现转基因生物，以确保相关的价格溢价。此外，当地的限制和特点可能使这些特殊的隔离需求在一些地理区域很难得到有效满足，而且成本很高。

因此，有必要认识到，成员国需要足够的政策灵活性，以考虑到他们在转基因作物种植方面的特殊区域和地方需求，从而在无法通过其他方式达到足够纯度的情况下，尽可能降低有机作物和其他作物中转基因作物的含量。

1.2　转基因作物种植的经济方面与环境风险评估涵盖的科学方面之间的区别

根据2001/18/EC号指令有关转基因食品及饲料的要求及1829/2003号法令的授权程序表明，明确区分转基因生物种植的经济方面和环境风险评估方面是很重要的。

根据2001/18/EC号指令及1829/2003号法令，转基因生物批准进入环境前需要进行全面的健康和环境风险评估。风险评估的结果可以是以下结果之一。

（1）证明会对环境和健康产生无法控制的不利影响，这种情况下将被拒绝授权。

（2）没有发现对环境或健康产生不利影响的风险，这种情况下将会被授权，不需要提供法律规定以外的管理措施。

（3）有风险，但可以通过适当的措施加以管理（例如物理隔离和/或监控），在这种情况下，将会得到以具有实施环境风险管理措施为前提的授权。

如果在授权后发现了对环境或健康的风险，欧盟第2001/18/EC号指令（第20.3条）和第1829/2003号法令（第10条和第22条）分别规定了终止或修改批准程序。此外，成员国可援引第2001/18/EC号指令（第23条）的特别保障条款或第1829/2003号法令的紧急措施（第34条），根据有关健康或环境风险的新信息或补充信息，暂时限制或禁止转基因作物的种植。

因为只有经过授权的转基因生物才能在欧盟种植，并且欧盟授权过程的风险评估已经涵盖了环境和健康方面。因此，共存背景下有待解决的问题就是转基因与非转基因作物混杂所带来的经济影响。

1.3 欧盟对不同农业模式的认可

欧洲农民的工作环境极为多样化，整个欧洲的农场规模、生产制度、作物轮作、种植模式以及自然条件各不相同，在设计、实施和监测时，需要考虑到这些不同因素，以避免常规和有机作物中意外出现转基因生物。采取的措施必须根据农场结构、耕作制度、耕作模式以及地区的自然条件来决定。

转基因生物种植策略和最佳实践方案可能需要在国家或地区层面上制定和实施，需要农民和其他利益相关者的参与，并考虑到国家、地区和地方的各种因素。因此，应在国家一级，或在区域、地方一级制定措施，避免常规和有机作物中意外出现转基因生物。

1.4 准则的目的和范围

该准则采取向成员国提出不具约束性建议的形式，旨在为制定国家措施提供一般性原则，以避免转基因生物无意出现在常规和有机作物中。需要识别的是，在这种情况下，许多重要的因素是国家、区域和地方条件下所特有的。

2 制定国家共存措施的一般原则，以避免转基因生物无意中出现在常规和有机作物中

2.1 透明度、跨境合作和利益相关方参与

应与所有利益相关方合作并以透明的方式制定国家措施，避免常规和有机作物中意外出现转基因生物。成员国应与邻国进行跨境合作，以确保边境地区共存措施的有效运行。在这方面，他们应提供充分及时的资料，说明他们决定采取的措施。

2.2　均衡性

避免转基因生物在其他作物中意外出现的措施应与所追求的目标相匹配（保护常规或有机农民的特殊需要）。共存措施应避免给农民、种子生产者、合作企业和与各生产类型有关的其他参与者带来任何不必要的负担。措施的选择应考虑区域和地方的约束条件和特征，如区域内农田的形状和大小、单个农场农田的完整程度、地理分散性以及区域内农场管理实施情况等。

2.3　通过国家共存措施避免转基因生物在常规和有机作物中意外出现

避免转基因生物意外出现在常规和有机作物中的国家措施应考虑到关于转基因和非转基因作物混杂的可能性和来源。这些措施应与所追求的混杂水平相称，这将取决于区域和国家的具体情况以及当地对常规、有机和其他类型作物和生产的特殊需求。

2.3.1　在某些情况下，食品和饲料中转基因成分的含量只有在超过 0.9% 的标识阈值时才会产生经济影响。在这些情况下，成员国应该考虑采取措施，确保符合 0.9% 的标识阈值就足够了。

2.3.2　成员国应考虑，如果将一种作物标识为转基因没有经济影响，可能没有必要追求特定的混杂水平。

2.3.3　在一些情况下，有机食品生产商或一些常规食品生产商的潜在收入损失可能由于追求转基因物质含量低于 0.9% 造成的。有关成员国可以制定措施，旨在使其他作物中的转基因生物含量低于 0.9%。

无论共存措施所追求的混杂水平如何，欧盟立法中规定的阈值将继续适用于食品、饲料和直接加工品中转基因成分的标识要求。

2.4　大面积禁止转基因作物种植的措施（"无转基因地区"）

区域方面的差异，例如气候条件（影响传粉者的活动和空气中花粉的运输）、地形、种植模式、作物轮作制度或农场结构（包括周围的结构，如树篱、森林、未开垦的土地面积和地块的空间布局）可能都会影响转基因作物、常规作物和有机作物之间的混杂程度，以及避免转基因作物意外出现在其他作物中的必要措施。

在某些经济和自然条件下，成员国应考虑其大面积排除转基因作物种植的可能性，以避免转基因作物意外出现在常规和有机作物中，但这种排除应基于成员国明确这些领域，其他措施不足以达到足够的纯度水平。此外，限制措施应与所追求的目标相称（即保护常规和/或有机农业的特殊需要）。

2.5　赔偿规则

有关财政赔偿或经济损害责任的事项是成员国的专有权限。

3　欧盟层级的信息交流

委员会将根据欧盟和成员国正在进行的研究，继续收集和协调相关信息，并提供技术咨询，以协助感兴趣的成员国建立国家共存措施。

欧洲共存局（ECoB）将继续通过转基因、传统和有机作物共存信息网络小组（COEX-NET）和技术咨询进行协调。欧洲共存局将不断更新指示性措施目录，以及在制定国家措施以避免混杂的同时要考虑的农艺、自然和作物特定因素的清单。成员国应继续为共存局的技术工作做出贡献。

葡萄牙农业农村发展和渔业部
第 160/2005 号法令
（2005 年 9 月 21 日）

1. 近几十年来科学和生物技术的发展使由生物基因改造产生的新产品得以出现，特别是转基因植物品种。然而，转基因生物释放到环境中以及含有或由它们组成的产品的上市，必须施以特定的标准化措施，这些措施基于预防原则，对人类健康和环境的风险进行严格的评估。在这种情况下，欧盟通过其不同的机构，为转基因生物和含有转基因生物的产品制定了特定的、被认为是世界上风险评估要求最严格的监管机制。

因此，欧洲议会和理事会于 3 月 12 日批准了第 2001/18/CE 号法令，该法令从 2002 年 10 月开始适用，规范了转基因生物环境释放，并在 4 月 10 日，进一步形成第 72/2003 号国家法令，对于将转基因生物以任何目的故意释放到环境中以及将含有其成分的产品投放市场的行为进行管理。

2. 该法令以预防原则为基础，取代了 4 月 23 日理事会发布的第 90/220/CEE 号法令。自 20 世纪 90 年代以来，科学技术的发展大大拓宽了为评估预测与人类健康、消费者安全和环境保护相关的风险范围。同时，该法令介绍了环境风险评估的原则，需要实施用于检测和识别潜在影响的监管计划。在投放市场后，需要确保在营销的各个阶段进行标识和追溯，并制定一个评估流程，该流程不仅需要成员国的主管部门批准，同时还需要咨询欧盟科学委员会，包括欧洲食品安全局。

除了第 2001/18/CE 号指令的规定之外，随后于 9 月 22 日，也由欧洲议会和理事会发布了关于转基因食品和饲料的第 1829/2003（CE）号法令，开始制定风险评估的流程和要求，该法令涉及对标识方面、转基因产品，以及由转基因生物制成的饲料的可追溯性的相关要求。第 1829/2003（CE）号法令对第 2001/18/CE 号指令进行了补充和修订，这两项法规自 2004 年 4 月 18 日起开始生效。由于这些变更，于 7 月 3 日发布的第 164/2004 号法令也对第 72/2003 号法令进行更改，其中特别介绍了葡萄牙制定的减少转基因生物的意外存在措施的要求，包括转基因作物与其他形式的农业生产共存的措施的相关要求。

3. 另外，作物种子（包括转基因植物品种的种子）在欧盟的销售和种植，需在农业和园艺品种目录中事先注册。该注册受 6 月 13 日关于农业品种共同目录的第 2002/53/CE 号指令和关于园艺物种品种共同目录的第 2002/55/CE 号指令共同监管。根据这些指令的规定，只有在第 2001/18 号指令或者第 1829/2003（CE）号法令规定的范围内，才可以事先在通过成员国国家风险评估的通用目录中进行转基因品种注册，并且在已据欧盟建立的流程中获得授权，最后，根据欧盟批准的第 2001/18/CE 号指令中的要求，申请者需提交在种植期间实施的监测计划。

那些关于通用目录的指令，根据 6 月 30 日发布的第 154/2004 条法律条文，转入国内法律体系，建立了国家品种目录的总体制度，目前没有转基因品种注册。在 1999 年注册的两个品种因为当时的共同体机制框架不健全而被暂停。

4. 在 MON 810 事件的基础上，17 个转基因玉米品种满足了上述所有的法律要求，欧盟委员会决定将它们注册在农业物种共同目录中。出于这个原因，并根据 6 月 30 日发布的 154/2004 号法令，不能对在国内种植这些品种施加限制，因为从植物检疫的角度来看它们无害。考虑到葡萄牙的土壤、气候和环境条件，适合种植这些品种，并且根据目前的知识，没有充分的证据来证明其存在环境和人类健康的不利风险。

5. 因此，鉴于在市场上可以买到与已注册品种相对应的种子，以及它们现在可以在国内种植，有必要为国家农业提供必要的技术和监管工具，以使这些品种能够兼容不同形式的农业生产。具体而言，这是为国家制定一套良好农业实践的战略和标准的问题，关于辅助性、预防性和相称性原则，以及 7 月 23 日委员会发布的第 2003/556/CE 号文件中建议的指导方案，旨在尽量减少收获物中偶然存在的转基因生物。允许转基因和其他农业生产方式共存，而不会对不同的生产系统造成经济问题，必须保证任何形式的农业都符合欧盟要求，因为不同形式的农业生产的存在是保证消费者广泛自由选择农产品的必要条件，农民必须能够自由选择这些农业生产方式。

6. 目前制定的措施，除了受到上述建议的启发外，还力求确保食品或饲料中偶然或技术上不可避免地存在转基因作物材料的阈值为 0.9%。根据第 1829/2003（CE）号相关规定，低于该值的情况下，不会强制将该食品标记为转基因食品。从这个意义上说，应建立一套适应性措施，包括农场获取的转基因品种种子、农场生产过程和储存的所有操作，直至农民交付，以及包括在加工、销售中的植物产品。

7. 为实施上述措施，明确生产链中的不同参与者，即农民、组织团体、种子公司，以及农业、农村发展和渔业部的权限和责任，环境、空间规划和区域发展部门制定了一系列要求，即在控制、检查和监测转基因品种的种植以及遵守法律义务方面进行公示。

8. 另外，制定了技术标准以适应技术科学的进步，特别考虑到保护有机生产和需要特定条件的农产品生产。同时还规定了对转基因品种种植区的管理条款，并设立了补偿基金，用以弥补因转基因品种种植受到意外污染而造成的任何经济损失。

9. 对微生物进行基因改造并培育微生物和基因改造生物的科学研究只允许在科学研究范围内进行，并受到特殊立法的约束。

10. 4 月 18 日第 58/2000 号法令中的规定条款，替换了欧洲议会和理事会第 98/34/CE 号文件内容，并对欧洲议会和理事会第 98/48/CE 号文件进行修正，明确了关于技术标准和法规领域的信息流程。

自治区域的政府部门听取了意见。

法令正文如下：

根据经 7 月 3 日第 164/2004 号法令修订的第 72/2003 号法令第 26-A 条，并根据宪法第 198 条第 1 款 a 项内容，政府颁布了以下法令。

第一章 总则

第 1 条 目标

规范转基因品种的种植，旨在确保它们与常规作物以有机生产方法共存。

第 2 条 适用范围

1. 本法令的规定适用于注册在《农业和园艺品种常用目录》或《国家农业和园艺品种目录》中的转基因品种。

2. 本法令规定的措施适用于从农场获取的转基因品种种子、农场生产过程和储存的所有操作，直至农民交付，以及包括在加工、销售中的植物产品。

3. 在不影响实施 3 月 26 日颁布的第 75/2002 号法令的前提下，该法令规范了用于商业化的种子的生产、控制和认证，本法规第 4（1）条和第 6（4）（a）条的规定也涵盖了种植用于生产认证种子的转基因品种。

第 3 条 技术标准

1. 为了不同农业生产方式的共存，转基因品种种植技术标准见本文附件 I，附件按品种或种子进行划分，是本文件的组成部分。

2. 附件 I 包括适用于转基因玉米品种种植技术标准的 A 部分。

第二章　对转基因作物种植的要求

第4条　农民的一般义务

1. 希望种植转基因品种的农民必须：

（a）在第一次开始种植转基因品种之前，参加由农民组织或种子生产商或分销商组织的培训课程，其培训内容经文化保护总局（DGPC）进行批准，包括适用于转基因品种种植的规则，即关于尽量减少花粉意外扩散，以及尽量减少与播种、收获、运输和储存操作相关的机械混杂意外发生的措施。

（b）最好在获得转基因种子之前就参加前款所述的培训活动。

（c）至少在预计播种或种植日期前20天，通过填写并递交附件Ⅱ的文件，通知农业生产经营单位所在地区的农民组织或区域农业局（DRA），特别注明拟种植的转基因品种、种植区域和地点以及承诺采取的共存措施。

（d）如果有变化，需在播种前通知农民组织和相应的区域农业局（DRA）。

（e）需要以书面形式与距离等于或小于附件Ⅰ所列距离的邻近农民沟通，以隔离相关物种。无论他们是否在其农场种植相同的植物物种或是否与他们共享农业播种机、联合收割机等设备，最迟在他们打算种植转基因品种的计划播种或种植日期前20天沟通。

2. 种植转基因品种的农民必须：

（a）遵守附件Ⅰ中定义的技术标准。

（b）需要提供对农业生产经营及其相关单位的访问权，并为官方机构提供合作和支持，以便控制和监测，以此验证本法规中规定规则的适用情况。

3. 当本条规定的职责由法人承担时，其需参与相关培训。

第5条　转基因作物产区

1. 在下列情况下，种植转基因品种的农民无需采取措施，免除附录Ⅰ

中定义的花粉意外扩散或机械混合。

（a）自愿联合形成专门用于种植源自同一转基因生物的转基因品种的生产区时的情况。

（b）当发现在特定农场或地区生产的农产品，无论是来自转基因品种，还是来自相同的转基因生物，亦或是来自分批混合有转基因的常规品种生物体并各自标识。

2. 在与生产区接壤的地区，种植转基因品种的农民必须遵守附件 I 的规定。

3. 必须每年以书面形式向农民组织或相应的区域农业局（DRA）通报转基因种植区的建立情况，明确参与的农民和相关的农场。

第三章　干预实体机构

第6条　能力和职责

1. 文化保护总局（DGPC）的职责：

（a）按物种编制和更新转基因品种种植技术标准，这些标准是附件 I 的组成部分。

（b）制定农民转基因品种种植培训活动、行动的技术内容。

（c）接收来自区域农业局（DRA）的关于转基因品种种植、评估和传播的通知，特别是向环境研究所发出的通知。

（d）编写和发布年度监测报告。

2. 根据 4 月 10 日发布的第 72/2003 号法令第 25 条（g），环境研究所负责接收、登记和传播有关转基因品种种植的相关通知。

3. 对种植转基因品种农场所在的区域负责：

（a）接收农民直接反映的或通过农民组织反馈的转基因品种种植通知，并将其转发给文化保护总局（DGPC）。

（b）在总部和各自代表所在地及其网站上披露提交通知的农业生产经

营单位名单，说明品种、预计播种或种植日期以及拟采取的共存措施。

（c）执行管理和检查是否遵守本文规定。

（d）向文化保护总局（DGPC）通报其行政区域内的生产区构成。

（e）合作实施监测活动，以便文化保护总局（DGPC）起草年度报告。

4. 转基因品种的生产商和/或种子分销商必须：

（a）确保生产、包装或销售的转基因种子的每个包装都必须带有经文化保护总局（DGPC）批准的信息表，这有助于农民遵守其共存措施以及可追溯性和标识的相关标准。

（b）向相应的区域农业局（DRA）提供每个农作物季节从他们那里购买转基因品种种子的农民名单。

（c）针对打算种植转基因品种的农民开展培训活动，确保参加培训的人员进行登记，并为这些品种的种植提供相应的技术支持。

（d）将参加培训活动的农民名单发送给相应的区域农业局（DRA）。

5. 农民组织必须：

（a）开展农民培训活动并登记参加培训人员。

（b）将参加培训行动的农民名单发送给相应的区域农业局（DRA）。

（c）接收和登记种植通知并将其转发给目标农业生产地所在区域的区域农业局（DRA）。

（d）将生产区域的构成通知相应的区域农业局（DRA）。

第四章　管理、检查和监测

第7条　管理和检查

1. 区域农业局（DRA）对已提交通知的农业生产经营单位进行管理和检查，以评估本条文规定的执行和遵守情况。

2. 根据区域农业局（DRA）的建议，文化保护总局（DGPC）可以授权在这些机构的监督下，在规定的范围内对个人或集体实体进行管理和检查。

3. 针对农场的管理和检查是随机进行的，必须重点关注：

（a）作物生长周期的各个阶段。

（b）在生产过程的任何时期，农场储存和运送植物产品或加工使用的设施装置、农业设备和其他使用方式。

4. 在不影响行政规定的情况下，为处理因不遵守本规定的技术标准而造成邻近污染的紧急情况，区域农业局（DRA）可以根据文化保护总局（DGPC）给与的意见，确定全部或部分转基因种植地破坏，相关操作和费用完全由违约负责人进行和承担。

第 8 条　后续计划

1. 为了评估执行和遵守本条例中规定的条款执行情况，并通过区域农业局（DRA）或他们授权的实体组织执行管理和检查，由文化保护总局（DGPC）制订监督条例执行情况的计划，应涵盖以下几个方面：

（a）对标注地块附近的田中生产的植物材料样品进行实验室检测分析，以确定转基因生物意外传播的等级。

（b）农民反馈遵守本法规定的困难，特别是附件 I 中规定的技术标准。

（c）建立转基因品种生产区。

（d）考虑种植转基因品种的农民与从事其他农业生产方式的农民之间可能发生的纠纷。

2. 文化保护总局（DGPC）在每年 12 月 31 日之前拟定和发布报告，并可能在必要时对本文中的法规制度进行修改。

第五章　行政违法制度

第 9 条　行政违法

1. 违反本条例第 4 条和第 6 条 4（a）、（b）和（d）项的规定，构成违法，根据代理人是自然人还是法人的不同，可能承受最低 250 欧元至最高 3 700欧元，或最低 2 500 欧元至最高 44 800欧元的罚款。

2. 不论是无意还是故意的违反规定都要受到处罚。

第 10 条　附加制裁

根据违法的严重程度和代理人的过错，以下附加制裁可与罚款同时适用：

（a）取消代理权限。

（b）禁止从事需公共当局授权的职业或活动。

（c）剥夺公共实体或公共服务授予补贴或福利的权利。

（d）关闭须经行政机构授权经营的机构。

（e）暂停授权执照和许可证。

第 11 条　违法的调查、公示和决定

1. 违法行为由本区域农业局（DRA）负责收集违法行为记录，公示违法程序。

2. 文化保护总干事负责实施罚款和附带制裁。

第 12 条　罚款去向

罚款所得的 15% 归文化保护总局（DGPC），25% 归区域农业局（DRA），其余归国库。

第六章　最终处置条款和过渡条款

第一节　最终处置

第 13 条　种植自由区

将通过农业、农村发展和渔业部以及环境、空间规划和区域发展部部长的联合法令对转基因品种种植自由区进行规范。

第 14 条　赔偿基金

政府将在具体的文件中设立赔偿基金，以支持因转基因品种种植的意外污染而造成的经济损害，资金由参与各自生产过程的生产者和私人实体提供。

第 15 条　自治区执法

1. 本法规赋予区域农业局（DRA）的权力由地区主管机构在亚速尔群岛和马德拉群岛自治区行使。

2. 第 11 条规定的权力由各自政府部门确定的机构在亚速尔群岛和马德拉群岛自治区行使。

3. 第 12 条规定的罚款属于亚速尔群岛和马德拉群岛自治区自己的收入。

第二节　过渡条款

第 16 条　玉米作物的种植

1. 在本法生效之日前已种植转基因玉米作物的农民必须在 15 日内以书面形式告知农业生产所在地的农民组织或区域农业局（DRA），并特别说明：种植的转基因物种和品种、种植面积、种植地点及采取的共存措施。

2. 根据上述条款规定，农民组织在接收到告知信息，必须在规定的 8 日期限内，再将信息传送给相应的区域农业局（DRA）。

第 17 条　培训活动

1. 在 2005 年 12 月 31 日之前的培训活动必须在文化保护总局（DGPC）技术员的监督下进行。

2. 农民组织必须参与这些培训活动。

——由 2005 年 5 月 5 日部长理事会审议并批准，于 2005 年 6 月 20 日颁布。

公示

总统，乔治·桑帕约（JORGE SAMPAIO）

总理，若则·苏格拉底·卡瓦略·平托·德·索萨（José Sócrates Carvalho Pinto de Sousa）

2005 年 6 月 24 日签。

附件 I

转基因品种种植的技术标准

A 部分

玉米

1 品种和种子

1.1 品种

只有在《农业和园艺品种通用目录》中登记的转基因玉米品种或者列入《国家农业和园艺品种目录》的玉米品种才能在国内种植。

1.2 种子

（a）用于播种的种子必须经过认证。

（b）每批次种子的包装必须：

i）遵守 3 月 26 日第 75/2002 号法令的规定，除了认证标识或文件之外，还必须携带官方或其他形式的注明"转基因品种"的转基因品种种子批次，以及指示该品种中所含转基因生物的唯一标识符号；

ii）有需要农民遵守的共存措施、可追溯的标识信息清单。

（c）种植转基因品种的农民必须保留每批播种种子的认证标签和购买种子的相应票据，以便检验机构证明其符合相关规则。

2 尽量减少花粉意外出现的措施

2.1 种植区域的最小隔离距离

转基因玉米品种种植地与另一个或其他相邻玉米地之间的距离必须等于或大于以下规定距离：

（a）在这些领域采用常规作物生产系统时为 200 m。

（b）如果证明种植是根据有机生产方法进行的，或者旨在获得必须遵守合同规定的特定条件的产品，关于偶然存在转基因生物的门槛是 300 m。

2.2　玉米边界（缓冲带）

（a）上面 2.1（a）段中提到的距离，在与其他相邻田地区域可以用最少 24 行的边界来代替。

（b）如果转基因品种的田地与其他田地相邻的区域至少有 28 行的边界，则上面 2.1（b）段中提到的距离可以缩短至最短 50 m。

（c）如果农民播种的转基因品种具有更强的害虫抗性，则必须建立至少占转基因品种总播种面积 20% 的常规品种的庇护所，当与其他田地相邻的区域距离符合前述规定并且这些区域的作物采用了正常种植方法时，该带可用作区域缓冲区（如果庇护所面积达到缓冲区标准，可以代替缓冲带）。

（d）在边界产出的产品必须归到转基因作物中并贴上标签。

（e）边界种植使用的品种必须与转基因品种同一生长周期。

2.3　使用不同的生长周期和/或交错播种

（a）在下列情况下，可以采用错期播种或使用粮农组织 FAO 不同类别的品种（粮农组织对玉米品种生育期的分类，相差 10 天为一个类别），以使各作物的开花和授粉期不会发生重合：

（i）如果播种与粮农组织 FAO 同一类别的玉米品种，则播种时间需间隔至少 20 天；

（ii）如果玉米品种播种同时进行，则各自生长周期的差异必须至少为两个粮农组织 FAO 类别。

（b）上款所述措施可与上文第 2.1 和 2.2 款规定的措施叠加适用。

3　减少机械混用出现意外混合的措施

3.1　种子包装

（a）为了避免在准备和播种过程中更换种子包装，不同品种的种子包装，特别是转基因品种，必须明确区分开并存放至不同区域。

（b）在使用结束时，已开包装的种子必须封存并进行标识。

3.2 播种机、联合收割机、烘干机等设备的使用

（a）所有设备必须由从事相同生产模式的农民优先使用。

（b）为避免前次操作导致不同生产方式谷物的分散和混杂，所使用的播种机、联合收割机、烘干机等设备在转基因品种种植地块使用后必须仔细清洗。

（c）当与其他从事不同生产方式的农民共享同一台联合收割机，或者同一农民将联合收割机用于收割常规品种时，该机器必须在收获转基因品种种植的田地后再收获至少 2 000 m^2 的常规品种才能共享，该 2 000 m^2 收获物将被标记为转基因作物。

3.3 收获物的储存、运输和标识

（a）农民必须确保将每批次不同模式下生产的玉米从收获到储存或运送到加工销售单位过程中，进行物理分离。

（b）为保证产品的正确标识和可追溯性，每批次转基因品种的玉米必须注明品种和转基因成分的唯一标识。

附件 II

转基因品种种植通知表

转基因品种种植通知表					
农民组织或地区农业局：				条目号：	
农民姓名：		证件号：		电话/传真：	
家庭地址：					
农场名称、地址：					
参加的培训行动（注明日期和培训组织部门）：					
品种/种类[a]	种子批号	批次号	需要播种或种植的区域	预计播种或种植的日期	共存的措施[b]
日期：	签字：				
a）如果是玉米，请指明 FAO 类别。 b）请指出选择共存的措施：_____。					

西班牙第 252 号国家官方公报

（农业、渔业与食品部，
2018 年 10 月 18 日）

通过 10 月 8 日颁布的 APA/1083/2018 号指令措施，防止因种植转基因玉米而对禁止种植此类转基因生物的邻近成员国造成跨境污染。

2001 年 3 月 12 日欧洲议会和理事会关于转基因生物环境释放的第 2001/18/CE 号指令第 26 条之二，授权成员国限制或禁止在其境内种植转基因作物。此外，根据上述条款，种植转基因作物的成员国应在其领土的边界地区采取适当措施，以避免对禁止种植此类转基因作物的邻近成员国造成污染，除非因特定的地理条件无需采取上述措施。根据该条款，2016 年法国禁止在境内种植 MON 810 玉米，并要求在该国境内对其他转基因玉米品种的申请种植范围进行地域限制。

4 月 25 日的第 9/2003 号法令规定了转基因作物自行种植和销售的法律制度，将欧洲议会和理事会 2001 年 3 月 12 日的第 2001/18/CE 号指令的实质性规则纳入西班牙法律。

该法律条文通过 1 月 30 日第 178/2004 号皇家法令制定，其中批准了制定和执行上述第 9/2003 号法律的一般性条例。该皇家法令的唯一附加条款规定，当邻国禁止种植转基因生物时，将根据农业、渔业、食品和环境部部长的指令采取措施，避免造成跨境污染，同时要求国家生物安全委员会（CNB）事先提供风险评估报告。

考虑到法国采取的限制措施，编制报告时还考虑到了 MON 810 玉米品种在西班牙的种植面积和边境地区的特殊地理条件。

考虑到距离边境线 50 m 的影响范围，要求国家地理研究所提供与法国接壤的可使用耕地的 SIGPAC（农业地块的地理信息系统）信息。我们将该信息与 12 月 19 日第 1075/2014 号皇家法令规定的单一申请中的数据进行了核对，该法令是关于从 2015 年起实施对农业直接财政拨付和其他援助计划，以及对农村发展进行拨付的管理。

从上述分析中得出以下结论：2015 年没有任何接壤的可使用耕地宣布种植转基因玉米，并且由于鳞翅目害虫危害的高压地区主要位于埃布罗河谷，因此似乎不太可能在与法国交界的地区种植转基因玉米，但报告建议在与法国的交界处建立一段隔离带。在转基因生物部际委员会第 18 次面对面会议上对上述结论进行了审核，并同意采纳这一建议。

第 9/2003 号法令第四章规定了监测、控制和处罚转基因生物活动的一般要求。此外，7 月 26 日关于种子、苗圃植物以及植物遗传资源的第 30/2006 号法令，在其第六章关于违规和处罚的内容中，明确规定了转基因作物、传统和有机作物共存方面的违规事项。

另一方面，欧洲议会和理事会 2017 年 3 月 15 日第 2017/625 号法令内容是为确保食品和饲料法、动物健康和福利、植物健康和植保产品规则的实施而进行的官方管理措施，该法令在其应用范围内，涵盖了为生产食品和饲料而进行转基因生物环境释放的情况。

综上，决议如下。

一、目的

本条指令旨在制定措施，既防止因在法国和西班牙边境种植转基因玉米而引起跨境污染，又适用于欧盟为此授权的转基因玉米品种的商业种植。

二、跨境共存措施

在农场种植转基因玉米品种的农民应与法国边境建立 20 m 隔离带，包括可能与转基因玉米在同一地块上设置的庇护所和缓冲带。

三、监测和管理

关于监测和管理，应适用第 9/2003 号法律第四章的规定。

自治区主管部门应根据其登记簿上的信息或其他官方信息来源，对已宣布种植转基因玉米的地块实施监测和/或控制措施。

自治区主管部门应在每年 12 月 1 日前，通过农业生产总分局和植物品种办事处（OEVV），向农业、渔业与食品部报告检测和管理的相关信息，农业、渔业与食品部应将上述信息整合到年度报告中。

上述内容不影响义务履行，即在应用欧洲议会和理事会 2017 年 3 月 15 日第 625/2017 号法令（为确保食品和饲料法、动物健康和福利、植物健康和植保产品规则的实施而进行的官方管理措施）时可能采用的规定或应履行的义务。

四、效力

本指令在《国家官方公报》上公布后次日起生效。

——马德里，2018 年 10 月 8 日，农业、渔业与食品部部长，路易斯·普拉纳斯·普查德斯（Luis Planas Puchades）

Bt 玉米种植技术和操作指南
（西班牙全国植物育种家协会，ANOVE）

为了您自身的利益，请在种植前仔细阅读本文件，并检查现行措施。

请注意，生产者必须遵守欧洲批准种植 Bt 玉米的指令，以及西班牙和欧洲的适用法规，规定内容如下。

庇护所种植：若种植超过 5 hm^2 则需要。

共存：实践方案和规范。

农业政策援助申请：作物种植申报。

可追溯性：谷物销售。

根据欧盟官方第 2017/625 号法令，上述义务必须接受检查。

Bt 抗虫玉米是一种转基因玉米，可免受鳞翅目害虫（玉米螟和蛀茎夜蛾）侵害，这归功于一种源自天然土壤细菌的蛋白质，这种细菌被称为苏云金芽孢杆菌（Bt）。

自 1998 年以来，欧盟已批准种植和消费（在人类食品和饲料中）采用这种玉米品种所产的谷物。在有鳞翅目害虫为害的地区，种植该转基因品种提高了生产效率、降低了农业投入、减少了环境负面影响。

一、带 YieldGard ® 商标的转基因玉米是如何授权的？

在种植或消费之前，YieldGard ® 玉米品种已完成全面评估，以确保其至少与常规品种一样可以安全地种植和消费。

1998 年，经欧盟植物科学委员会评估，批准种植采用 YieldGard Ⓡ玉米，以免受鳞翅目害虫侵害（1998 年 4 月 22 日的委员会决议，在 1998 年 5 月 5 日公布）。根据 1998 年 6 月《欧洲新型食品条例》的决议，用这些转基因玉米制作的食品被认为与常规品种制作的的食品基本等同。

2007 年，根据欧盟 1829/2003 号指令，研发企业提交了更新授权的申请。欧洲食品安全局（EFSA）的转基因生物小组于 2009 年发表了赞成意见，调查确认了安全评估的初步结论（http://www. efsa. europa. eu/en/efsajournal/pub/1149. htm）。

为了在我国种植该转基因品种，还必须在《国家商业品种登记目录》或《欧洲共同品种目录》中进行登记。

二、如何识别 YieldGard Ⓡ玉米？

装有带 YieldGard Ⓡ商标的种子袋应包含该品牌标志，明确指出该种子是转基因品种，并包含相应的标识符 MON-ØØ81Ø-6。YieldGard Ⓡ玉米品种种植的种子或谷物的交易文件中也必须包含该标识符(图 2)。

图 2   YieldGard Ⓡ玉米商标

三、Bt 玉米的害虫防治计划 (PReP)

确保 Bt 玉米尽可能长时间保持抗虫效果的最佳方法是进行良好的抗性预防。若重新种植 Bt 玉米,少数幸存的害虫会将抗性传给后代。因此,研究人员认为,防止出现抗性种群的最佳办法是在 Bt 玉米附近种植常规玉米(该种植区域被称为"庇护所")(图 3)。

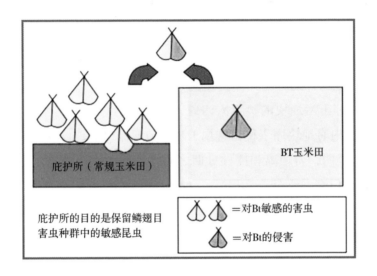

图 3 利用庇护所保持 Bt 玉米抗性的模式

因此,在 BT 玉米田里存活的一小部分抵抗力强的害虫将不得不与常规玉米区的害虫交配,其后代将保持易感性,因此在未来种植 Bt 玉米时可得到控制。

四、保持抗性防治鳞翅目害虫的义务

若种植超过 5 hm^2 的 Bt 玉米,无论在一个或多个地块,相应的庇护所必须种植常规玉米。

庇护所的规模应为农场种植的玉米总量的20%（例如，在一个 10 hm²的农场，8 hm² 种植 Bt 玉米、2 hm² 种植常规玉米庇护所）。

建议在 Bt 玉米旁设置庇护所，并使用具有相似生长周期和种植日期的常规品种。若无法做到这一点，则应将其设置在距 Bt 玉米 750 m以内的地块中。

五、可以有不同选择以促进共存

共存是指农民在生产传统、有机或转基因作物之间进行选择的能力。为促进共存，西班牙全国植物育种家协会针对 Bt 玉米种植提出以下建议。

1. 使用经认证的种子并保留标签。

2. 与相邻玉米地块的负责人沟通，了解他们的种植区域和种植日期。若20 m 范围内有地块用于种植常规玉米，请遵循以下建议（西班牙条件下的试验数据表明，若距离和播种日期之间差异较大，相邻玉米中的转基因含量将低于 0.9%，不需要标记）：

（a）若 20 m 范围内的邻田将种植非转基因玉米，且您与邻田的播种时间在 4 月相差不到 4 周，或在 5 月相差不到 2 周，请在您的地块和邻田之间，种植 12 行生长期与您的 Bt 玉米相似的常规玉米带，该玉米带可作为庇护所。

（b）否则，无需采取其他措施。

若您的田地在法国边境附近，请保持 20 m 隔离距离，包括可能的庇护区或隔离屏障区（参考 10 月 8 日 APA/1083/2018 号指令）。

种植 Bt 玉米后，请仔细清洁播种机，再播种常规或有机作物。在 Bt 品种收割结束时，收获 2 000 m² 常规玉米，并将其标记为转基因。在运输、干燥、储存或加工过程中，将带有 Bt 谷物的批次与常规或有机批次分开。常规玉米和 Bt 玉米轮作时，使用适当的方法控制不确定植株（图 4）。

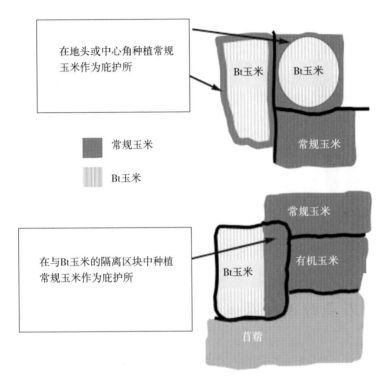

在地头或中心角种植常规玉米作为庇护所

Bt玉米　Bt玉米

常规玉米

■　常规玉米

▨　Bt玉米

常规玉米

在与Bt玉米的隔离区块中种植常规玉米作为庇护所

Bt玉米　有机玉米

苜蓿

图4　**Bt** 玉米和常规玉米、有机玉米共存的方式

六、可追溯性和标识

您的转基因生物交易文件（种子购买、收获物交付等）必须保留5年。

根据关于转基因生物可追溯性和标识的欧盟 1830/2003 号指令，必须向产业链中的下一个经营者提供书面文件，告知其提供的谷物由转基因生物组成（若源自种植转基因玉米的地块）或含有转基因生物（若谷物是转基因和常规品种混杂），并在包装上标识出可见的转基因生物特殊识别代码（图5）。

为方便进行文档工作，本指南中附有给下一个经营者的通知单以及给您的收据。

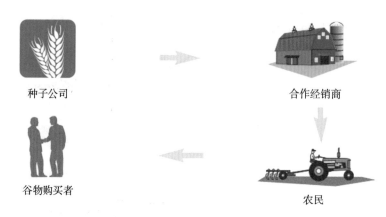

种子公司　　　　　　　　　　　合作经销商

谷物购买者　　　　　　　　　　农民

图5　可追溯性文件涉及的产业链参与主体

七、农业政策援助申请申报

请注意，每次收获都有义务将 Bt 玉米品种的种植申报纳入农业政策援助申请中。

附件：

生产链中保证可追溯的传递文本

谷物销售凭证

农民的收据

....

（根据 EC1830/2003 号条例，将此收据保存 5 年）

本产品含有编号为 MON-ØØ81Ø-6 的转基因玉米。

玉米数量：

....

告知买方

....

20 ____ 年 ____ 月 ____ 日

买方签字

....

谷物销售凭证

买方的收据

....

（根据 EC 1830/2003 号条例，以书面形式转交给购买产品的经营者，此副本应保存 5 年）

本产品含有编号为 MON-ØØ81Ø-6 的转基因玉米。

玉米数量：

....

由农民告知

....

20 ____ 年 ____ 月 ____ 日

农民签字

....

第四篇

日本转基因作物共存相关规定

规范转基因生物的使用确保生物多样性的执法条例
（2020 年更新版，共存部分）

一、转基因作物与非转基因作物分别生产流通管理机制

因为消费者对转基因食品的担忧根深蒂固，因此 1999 年 8 月，以对转基因食品实施强制标识为契机，对于需强制标识的食品所用的原材料，日本的食品生产商开始在进口时，对非转基因原材料分开处理。

为了能够保证和非转基因原材料分开进口，美国和日本在种植、储存、保管、运输、加工等各个阶段，会发放能够证明是分别处理的证书。

因此，我们详细规定了在各个阶段的检查项目。包括防止种子在播种、收获时混入；农机用具/运输器械（卡车、货车、船等）/保管设施等的清洁等。这被称为"分别生产流通管理（IP 处理）"。［IP 处理：Identity Preserved Handling（身份保留处理）］。

"分别生产流通管理（IP 处理）"，是指在各个种类的生产、流通、加工的各个阶段，由管理者妥善、仔细分类管理，并通过证明文件进行明确的方法（要符合日本的标识规定），以达到防止转基因农产品与非转基因农产品混杂的目的（图6）。

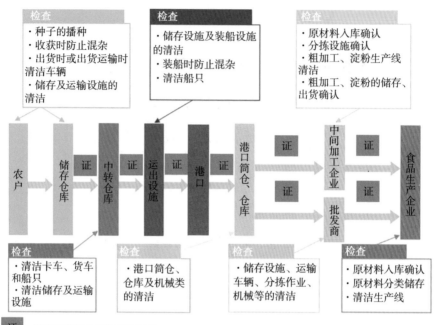

检查
· 种子的播种
· 收获时防止混杂
· 出货时或出货运输时清洁车辆
· 储存及运输设施的清洁

检查
· 储存设施及装船设施的清洁
· 装船时防止混杂
· 清洁船只

检查
· 原材料入库确认
· 分拣设施确认
· 粗加工、淀粉生产线清洁
· 粗加工、淀粉的储存、出货确认

农户 → 储存仓库 证 中转仓库 证 运出设施 证 港口 证 港口筒仓、仓库 证 中间加工企业 证 食品生产企业

证 批发商 证

检查
· 清洁卡车、货车和船只
· 清洁储存及运输设施

检查
· 港口筒仓、仓库及机械类的清洁

检查
· 储存设施、运输车辆、分拣作业、机械等的清洁

检查
· 原材料入库确认
· 原材料分类储存
· 清洁生产线

证：能够证明是分开处理的证书
储存仓库：从多个生产区域的生产农户到农产品入库的第一次货物集中地
中转仓库：将由储存仓库收集的农产品，运输到港口用的装货基地
运出设施：用于将农产品装载到出口用的大型货船上的港口货物装卸设施

图 6　分别生产流通管理（IP 处理）

二、意外混杂的容忍度

在农产品及加工食品交易的实际情况中，即使是尽最大努力将非转基因农产品区分开，规范管理分类生产和流通，也很难将它们完全分开，不可否认，转基因产品最多有混入 5% 左右的可能性。因此，在日本，如果规范执行了分类生产流通管理流程，可以确定大豆和玉米的意外混杂率在 5% 以下。

关于转基因作物种植的条例草案要点
（2005 年 12 月 15 日，农林水产省）

一、总则

（一）目的

1. 通过防止转基因作物和一般作物的混杂来防止生产流通上的混乱。

2. 通过提供适当的信息来减轻消费者的不安。

3. 对转基因作物开发的科学技术发展和一般作物农业生产活动进行适应性调整。

（二）对象

转基因作物（除观赏植物外）的大田种植。

二、种植相关规定

（一）开放类一般性种植许可

打算进行转基因作物开放类一般性种植的人，必须事先得到知事的许可。

（二）许可申请

想要得到许可的人必须在种植开始前向知事提交申请书。

（三）举办说明会

准备向知事提交申请书的人应当事先对知事规定范围内的人召开说明会。

（四）许可标准

知事在许可申请有下列情形之一时，不得许可：

1. 防止混杂的措施不符合政府部门规定的标准。

2. 不具有用于准确实施防止混杂措施的人员、资产等。

【其他规定不适合许可的内容】

（五）听取转基因作物种植审查委员会的意见

知事许可之前，必须事先就申请涉及的防止混杂的措施，听取转基因作物种植审查委员会的意见。

（六）许可的条件

知事在需要防止混杂时，可以有许可附加条件。

（七）许可种植者的遵守事项

被许可者（许可种植者）应当遵守以下事项：

1. 设置管理负责人。

2. 应妥善落实本许可涉及的防混杂措施。

3. 记录种植的转基因作物的处理方式等，并在规定时间内妥善保存。

4. 应采取监测措施，调查确认有无混杂，并在种植结束后及时向政府部门报告有无混杂的结果。

5. 发生混杂时，应立即采取防止扩大的措施，或者有可能发生混杂时，应立即采取防范措施，同时向知事报告其情况并听从指示。

（八）取消许可等

1. 许可种植者不能有效维持防止混杂措施等符合规定事由的，知事可以撤销、变更许可、变更条件或者附加新条件。在这种情况下，可以听取转基因作物种植审查委员会的意见。

2. 许可种植者在混杂发生时未进行报告等规定事由的情况下，知事可以责令停止种植。在这种情况下，可以听取转基因作物种植审查委员会的意见。

3. 知事责令许可种植者在未办理必要备案等符合规定事由时，应当采取变更防混杂措施等必要手段。可以在这种情况下听取转基因作物种植审查委员会的意见。

（九）信息公开

1. 知事可以在许可前公布许可申请的内容。

2. 知事在许可的情况下，可以与申请书一起公布。

3. 不公布个人信息或知识产权等应保密的信息。

（十）手续费

想得到许可，必须缴纳规定的手续费。

三、关于开放田间试验的规定

（一）田间试验备案

1. 拟进行转基因作物田间试验的研究机构，应当事先向政府部门备案。

2. 防止混杂措施必须符合政府部门规定的标准。

（二）举办说明会

规定了与开放类一般种植相同的内容。

（三）试验研究机构的遵守事项

备案的试验研究机构应当遵守下列事项：

规定了与开放类一般种植许可种植者遵守事项相同的内容。

（四）劝告

1. 知事认为，备案的试验研究机构不能落实防止混杂的措施时，可以劝告其停止田间试验，可以听取转基因作物种植审查委员会的意见。

2. 政府部门在试验研究机构未办理必要备案等规定事由的情况下，可以建议采取变更防止混杂措施及其他必要措施。在这种情况下，可以听取转基因作物种植审查委员会的意见。

（五）信息公开

1. 知事可以公布备案内容。

2. 知事在对试验研究机构提出劝告后，若不听从劝告，可以公布劝告的内容及不听从的意愿。

3. 不公布个人信息或知识产权等应该隐匿的信息。

四、转基因作物种植审查委员会（暂定名称）

1. 根据本条例属于其权限的事项。为了对其他转基因作物种植的防混杂措施进行调查审查，转基因作物种植审查委员会以下设"审查组"。

2. 审查组除按照前款规定进行调查审查外，还可以就转基因作物种植与防混杂的必要事项，向政府部门发表意见。

五、其他

（一）信息的申请

公众在得到了发生混杂的信息或者有可能发生混杂的信息时，可以向知事提出适当的应对申请。

（二）报告征集等

知事在本条例实施的必要限度内，可以要求许可种植者或者备案的试验研究机构报告防止混杂措施的实施情况和其他必要的内容，或者让其工作人员进入场地等，实地检查转基因作物、设施、文件和其他物品，或者询问相关人员。

（三）委托规则

有关本条例实施的必要事项，由规则规定。

（四）处罚原则

有下列情形之一的，处以规定的刑事处罚：

1. 未经批准实施开放类一般种植的人员。

2. 申请虚假并获得许可，实行开放类一般种植的人员。其他情况下，按相应事由量刑。

北海道转基因作物种植
防止杂交、混杂条例
（2005 年 3 月 31 日）

第一章　总则

第 1 条　目的

本条例的目的在于规范转基因作物开放性种植等，防止转基因作物与一般作物之间的杂交（以下简称"杂交"）和转基因作物与一般作物之间的混杂（以下简称"混杂"）；防止因种植转基因作物引起生产及流通上的混乱，同时也谋求转基因作物的开发活动和一般作物的农业生产活动之间的协调；保障现在及未来北海道居民的健康，同时也促进北海道产业振兴。

第 2 条　定义

本条例中下列用语的定义是依据其他明文法规的规定定义的。

（1）转基因作物：依据《规范转基因生物的使用确保生物多样性的执法条例》［平成 15 年（2003 年）第 97 号法令，以下简称《法令》］第 2 条第 2 款规定的转基因作物①。

（2）一般作物：转基因作物以外的作物及其他种植作物。

（3）转基因作物开放性种植：转基因作物的种植，《法令》第 2 条第 5 款规定的第一种适用情形。

（4）试验研究机构：下列所示机构，且在北海道内设有办公室或事业所者。

甲：国家规定的独立行政法人（独立行政法人通则法［平成 11 年（1999 年）法令第 103 款］第 2 条规定的独立行政法人］及地方公共团体（仅限于设有试验研究的机构）。

乙：学校教育法［昭和 22 年（1947 年）第 26 号法令］所规定的大学及高等专科学校的设立者②。

丙：以试验研究为主，并满足《法令》规定的必要条件者。

（5）研究田区：以供试验研究机构开展试验研究为目的，并拥有使用权的农场及设施。

第 3 条　不适用条件

本条例适用于转基因作物种植，有关《法令》第 2 条第 6 款规定的第二种情形等不适用。

第二章　开放性种植的相关规定

第 4 条　开放性种植的许可

欲进行转基因作物开放性种植（不含第 17 条第 1 项规定的试验研究机构进行的田间试验。以下称之为"开放性种植"）者，准备进行一般种植

---

① 平成 15 年为 2003 年，以下依此类推。

② 昭和 22 年为 1947 年，以下依此类推。

转基因作物的田区或进行种植的设施（以下称之为"田区"），都要事先获得许可。

第5条　申请许可

申请人须向政府部门提交记载下列事项的申请书。

（1）申请人姓名及住所（如为法人，则填法人名称、代表人姓名及主要办公室所在地）

（2）种植目的

（3）拟种植的转基因作物及种类

（4）田区所在地

（5）田区格局及规模

（6）种植时期

（7）防止杂交及混杂的措施（以下简称《防止杂交措施》）

（8）调查确认是否有杂交情况的方法

（9）其他规章规定事项

申请书中，须附上田区所在地附近的简图、标示田区构造及规模的详细图、根据第一条第1项规定所举办的说明会会议纪要文件，以及其他规则所规定文件。

第6款之种植时期应为1年以内。但由政府部门判定的情况则不在此限。

第6条　举办说明会

依据第1项规定向政府部门提交申请书者，须事先向出现杂交情况时可能受影响的规定范围内的一般作物种植者及其他规定对象举办说明会，告知申请的开放性一般种植的内容（以下简称"说明会"）。

说明会举办者在无法处理其责任归属或无法依据规定举办说明会的情况下，无须举办说明会。在此情况下，说明会举办者须根据规定尽力将申请的开放性一般种植的内容告知民众。

第 7 条 许可标准

在第 4 条之许可申请时，如有下列任一项情况，不得许可。

（1）该项申请的防止杂交及混杂措施不符合认定标准的。

（2）申请人不具备足够实施防止混杂措施第 13 条第 1 款、第 4 款、第 5 款措施的人员、资产及其他能力的。

（3）申请人曾根据第 15 条第 1 款规定被撤销许可，且自撤销日算起未满 2 年的。

（4）申请人因违反此条例的规定被处以刑罚，此刑罚结束之日或终止执行之日距今未满 2 年的。

（5）申请人若为法人的情况下，该法人单位业务职员全体或部分符合上述 2 项中任一项行为的。

第 8 条 听取北海道食品安全委员会的意见

发布第 4 条的许可时，对该项许可申请中的防止杂交及混杂措施，须事先听取北海道食品安全委员会的意见。

第 9 条 许可条件

发布第 4 条的许可时，为防止杂交及混杂，在必要时、必要限度下，在此许可上可附加条件。

第 10 条 许可事项的变更

获得第 4 条许可者（以下简称"许可种植者"），欲变更该项许可中第 5 条第 1 项第 5 款至第 8 款所述事项时，须事先获得政府部门的许可。但是，在第 13 条第 1 项第 5 款的情况下欲变更该项措施时，另有欲在该规定的规则中作轻微变更时，则不在此限。第 6 条至前条的规定，适用前述许可。

第 11 条 许可事项的变更申报

许可种植者对第 5 条第 1 项第 1 款、第 2 款、第 3 款（仅相关种类部分）或第 9 款所述事项有所变更时，或有前条第 1 项规定所述的轻微变更时，须立刻将变更的情况向政府部门提出变更申请。

第 12 条　开始作业的申报

许可申请人开始开放性一般种植作业时，其开始日算起 10 天之内，须向政府部门申报开始作业内容。暂时中止开放性一般种植及废止之时也应如此申报。

第 13 条　许可种植者的遵守事项

许可种植者须遵守下列事项：

（1）进行开放性一般种植的各田区应设置能开展管理的负责人（以下称"管理负责人"）。

（2）应落实许可中的防止杂交及混杂措施。

（3）应记录所种植的转基因作物的处理、收获物销售等相关情况，并保管记录。

（4）开放性一般种植的转基因作物与同种的一般作物之间是否有杂交情形，应加以调查确认，并于该开放性一般种植结束后，立刻报告结果。

（5）发生杂交或混杂时，应立刻采取防止情况扩大的必要措施。另外，若有可能产生杂交或混杂，除了立刻采取必要措施防止其发生外，也应向上级行政长官报告情况，并遵从指示。

管理负责人应实际执行确保前项第 2 款规定中的防止杂交混杂措施，以及同项第 4 款、第 5 款措施及其他规定责任。

第 14 条　劝告

为防止杂交及混杂，必要时需劝告许可种植者应采取必要措施。接受劝告的许可种植者，无正当理由且未采取劝告的措施时，强制责令其采取劝告措施。

第 15 条　撤销许可

许可种植者如有以下任一项行为时，在防止杂交及混杂的必要限度下，撤销、变更该许可种植者第 4 条或第 10 条第 1 项之许可，或变更、新增附加条件。在此情况下，如因第 4 条的理由给予处罚时，需事先听取北海道食品安全委员会的意见。

（1）违反第 13 条第 1 项第 2 款或第 5 款（仅限于采取必要措施的部分）之规定或根据此条例被处罚的。

（2）如有第 7 条中任一项规定情形的。

（3）违反根据此条例进行许可的附加条件。

（4）进行第 4 条或第 10 条第 1 项许可时，由于发生无法预计的环境变化，或是由于获得许可之后科学进步，被认定为即使依循许可进行该开放性一般种植，却仍然无法防止杂交及混杂情况的。

（5）以欺骗或其他不正当手段，取得第 4 条或第 10 条第 1 项许可的。

许可种植者违反第 13 条第 1 项第 4 款（不含报告部分）或第 5 款（仅限于行政长官指示部分）的规定时，或有前述第 4 款的行为时，需在防止杂交及混杂的必要限度下，命令该许可种植者中止此开放性一般种植。在此情况下，长官欲根据规定下达命令时，需事先听取北海道食品安全委员会的意见。

许可种植者违反第 11 条、第 12 条或第 13 条第 1 项第 1 款或第 3 款的规定时，或符合第 1 项第 4 款的行为时，需在防止杂交及混杂之必要限度下，命令该许可种植者于规定期限内变更防止杂交混杂措施或其他必要手段。在此情况下，长官欲根据同项规定下达命令时，需事先听取北海道食品安全委员会的意见。

第 16 条　手续费

欲获得第 4 条或第 10 条第 1 项的许可者，须在申请该项许可时，按照北海道缴费单缴纳手续费。手续费金额为依照下列各项不同许可所对应的规定金额。

（1）第 4 条许可手续费，每件 314 760 日元。

（2）第 10 条第 1 项许可手续费，每件 210 980 日元。

第 1 款规定的手续费金额，若其欲获得之许可中，第 5 条第 1 项第 1 款到第 5 款、第 7 款及第 8 款所记事项及其他规定事项，与最近期已获得之许可（获得第 10 条第 1 项许可之情况下则为其变更后内容）内容相同，且认定最近期已获得许可与目前欲获得的许可为连续种植的情况下，手续费为每件 112 120 日元。

第三章　田间试验相关规定

第 17 条　田间试验的申报

预定在研究田区进行转基因作物开放性田间试验（仅限于以试验研究为目的，以下称作"田间试验"）之试验研究机构，于预定开始该田间试验的 90 天前，拟进行试验种植转基因作物的各研究田区，都须提出下列事项申报。

（1）试验研究机构的名称及地址（若为法人的情况下，则填写法人名称、代表人的姓名及主要办公室的所在地）

（2）试验种植的目的

（3）欲种植的转基因作物及种类

（4）研究田区的所在地

（5）研究田区的构造及规模

（6）种植时期

（7）防止杂交混杂措施

（8）调查确认是否有杂交混杂情形的方法

（9）其他规定事项

依据前项规定的申报书中，须附上田区所在地附近简图、标示田区构造及规模的配置图、适用于第 19 条第 1 项和第 6 条第 1 项规定所举办的说明会会议纪要文件，以及其他规定文件。

第 1 项第 6 款种植时期应为 1 年以内。但由政府部门判定的情况，则不在此限。

第 7 款防止杂交混杂措施须为符合第 7 条第 1 款的认定标准。

第 18 条　变更事项的申报

提出申报的试验研究机构，欲变更第 5 款至第 8 款事项时，须在预定进行变更的 90 天前提出申报。但在第 13 条第 1 项第 5 款情况下，欲变更同项措施时，或拟在其规定的规则中作轻微变更时，则不在此限。

第 19 条 适用性条款

第 6 条规定适用于根据第 17 条第 1 项、第 18 条及前条第 1 项规定欲提出申报的试验研究机构。在此情况下，第 6 条第 1 项及第 2 项中的"开放性一般种植申请"应改为"田间试验申请"。

试验研究机构申报适用第 11 条至第 14 条的规定。在此情况下，第 11 条中"第 5 条第 1 项第 1 款、第 2 款、第 3 款（仅限于相关种类部分）或第 9 款"应改为"第 17 条第 1 项第 1 款、第 2 款、第 3 款（仅限于相关种类部分）或第 9 款"，"前条第 1 项"应改为"第 18 条第 1 项"。第 12 条中"开放性一般种植"应改为"田间试验"。第 13 条第 1 项第 1 款中"开放性一般种植"应改为"田间试验"，"田区"应改为"研究田区"，"管理负责人"应改为"管理研究员"。同项第 3 款中"所种植的转基因作物"应改为"用于田间试验的转基因作物"，"销售等"应改为"使用及转运等"。同项第 4 款中"该开放性一般种植"应改为"该田间试验"。同条第 2 项中"管理负责人"应改为"管理研究员"，"前项第 2 款"应改为"适用于第 19 条第 2 项的第 13 条第 1 项第 2 款"，"同项第 4 款"应改为"适用于第 19 条第 2 项的第 13 条第 1 项第 4 款"，"同项第 5 款"应改为"适用于第 19 条第 2 项的第 13 条第 1 项第 5 款"。

第 20 条 终止试验

申请试验研究机构如有下列各项行为时，需在防止杂交及混杂的必要限度下，责令该试验研究机构中止此田间试验。在此情况下，政府部门根据第 2 款或第 3 款规定下达命令时，需事先听取北海道食品安全委员会的意见。

（1）违反适用于第 19 条第 2 项的第 13 条第 1 项第 2 款、第 4 款（不含报告部分）或第 5 款（不含报告部分）规定或违反根据本条例被处罚的。

（2）已根据第 17 条第 1 项或第 18 条第 1 项规定提出申报的。

（3）根据第 17 条第 1 项或第 18 条第 1 项规定提出申报的，由于发生无法预想的环境变化，或是由于获得许可后科学进步，被认定为即使依循申报进行该田间试验，却仍然无法防止杂交及混杂情况的。

（4）以欺骗或其他不正当手段，提出依第 17 条第 1 项或第 18 条第 1 项规定之申报时。

试验研究机构违反适用于第 19 条第 2 项中的第 11 条、第 12 条或第 13 条第 1 项第 1 款或第 3 款之规定时，或有前述第 2 款或第 3 款行为时，需在防止杂交及混杂的必要限度下，责令试验研究机构于规定期限内变更防止杂交混杂措施或其他必要措施。在此情况下，政府部门根据前述第 2 款或第 3 款规定下达命令时，需事先听取北海道食品安全委员会的意见。

第四章　其他规则

第 21 条　信息申诉

北海道居民在取得出现杂交或混杂的信息时，或取得可能会发生此情况的信息时，可提出申诉请求政府部门适当处理。

第 22 条　征集报告

在实施此条例的必要限度下，政府部门需要求许可种植者或试验研究机构提交关于防止杂交混杂措施实施状况及其他必要事项的报告，政府部门职员需要求进入开放性一般种植或田间试验场所，检查转基因作物、设备、文件及其他物品，或质询相关人员。

根据规定进行进入、检查及质询的职员须携带身份证明件，并出示于相关人员。

该规定之权限，不得解释为犯罪搜查。

第 23 条　实施细则

关于此条例实施的必要事项，以实施细则规定。

第五章　罚则

第 24 条

符合下列任一项行为的，处 1 年以下有期徒刑并处 50 万日元以下罚金。

（1）未获得第 4 条许可而进行开放性一般种植的。

（2）提出不实申请而获得第 4 条许可，进行开放性一般种植的。

（3）未获得第 10 条第 1 项许可而变更第 5 条第 1 项第 5 款到第 8 款所记事项的。

（4）提出不实申请而获得第 10 条第 1 项许可，变更第 5 条第 1 项第 5 款到第 8 款所记事项的。

第 25 条

符合下列任一项行为者，处 50 万日元以下罚金。

（1）违反第 15 条第 2 项或第 20 条第 1 项规定的。

（2）未按第 17 条第 1 项规定的申请，或提出不实之申请而进行田间试验的。

（3）未按第 18 条第 1 项规定的申请，或提出不实之申报而变更第 17 条第 1 项第 5 款到第 8 款所记事项的。

第 26 条

违反根据第 15 条第 3 项或第 20 条第 2 项规定的，处以 30 万日元以下罚金。

第 27 条

符合下列任一项行为者，处以 20 万日元以下罚金。

（1）未按照第 13 条第 1 项第 4 款或第 5 款（包含适用于第 19 条第 2 项的规定）规定之报告书的。

（2）未按照第 22 条第 1 项规定的报告、提出伪造之报告，或拒绝、妨碍或不当逃避同项规定的进入或检查、不回复质询，或对质询作出不实陈述的。

第 28 条

法人代表、法人或自然人的代理人、职员及其他从业人员，对其法人或自然人的有关业务如有作出违反第 24 条到 27 条的行为时，除了惩罚行为者外，也会对其法人或自然人处以各项罚金。

附　　则

（实施日期）

1. 此条例自平成 18（2006）年 1 月 1 日起开始实施。但，附则第 2、第 3 项规定自平成 17（2005）年 10 月 1 日开始实施。

（过渡期处理）

2. 欲获得第 4 条许可，在此条例实施前，根据第 5 条、第 6 条及第 16 条第 1 项、第 2 项规定的实例，可申请许可。

3. 欲按照第 17 条第 1 项规定申报试验的研究机构，在此条例实施前，根据适用于第 17 条、第 19 条第 1 项及第 6 条规定的实例，可提出申请。

4. 于此条例实施前进行的转基因作物开放性种植，在平成 18（2006）年 12 月 31 日前不适用于此条例（不含下一项）之规定。

5. 进行前项之转基因作物开放性种植者，须在平成 18（2006）年 2 月 28 日前向政府部门提出申报。

（检验）

6. 此条例实施 3 年后，政府部门应考量社会经济形势等变化，检验此条例的实施状况，根据其结果采取必要措施。

兵库县关于转基因作物种植的指导方针
（2006 年 3 月 31 日）

一、前言

根据相关法规被调查确认了安全性的转基因作物，虽然被允许用于种植和食品中，但是消费者担心对健康和环境的影响，生产者担心与一般作物的杂交和混杂引起的混乱等。

在这种情况下，兵库县于平成 18 年 3 月 31 日（2006 年 3 月 31 日）制定了《关于转基因作物种植的指导方针》（附件 1），对转基因作物的种植等进行适当的指导。

二、转基因作物种植等指导原则概述

（一）基本方针

（1）对转基因作物的种植实施指导，对生产流通上的混乱防患于未然，进行必要的种植管理等。

（2）对利用转基因作物生产的食品，为有利于消费者选择，实施食品标识监督指导，以做到正确标识。

（二）种植转基因作物的应对措施及指导

（1）指导机制

关于对转基因作物生产者的指导，知事在县域的农业者团体、市町、农业合作社等相关人员的协助下实施。

知事在相关人员的协助下，收集转基因作物生产者的生产计划和生产状况的信息。

（2）应对方式及指导

转基因作物生产者应做到：

a. 提前向县提交种植计划书，同时就计划内容等事先达成地区共识。

b. 采取防止与同种种植作物杂交、混杂的必要措施。措施内容以国家制定的《第一类依法批准转基因作物种植试验指南》（附件2）为准。

c. 种植结束时提交报告。

县里对转基因作物生产者的指导：

a. 就计划内容和事先达成共识等进行指导。

b. 必要时进行实施情况的调查确认。

其他指导责任：

a. 县里在调查确认生产者的实施情况后，判断没有采取充分措施时，要求停止种植。

b. 县里在主页上公布种植计划书及报告书的内容。

（三）贯彻对收获物等的标识

（1）县里对流通销售和加工销售县内收获的转基因作物的人员，依法进行标识指导。

（2）县里根据需要进行标识情况的调查确认，调查确认结果为不正当标识的，采取依法措施。

（四）提供信息及促进理解

县里在向公众提供转基因技术和作物等相关信息的同时，促进政府部门和消费者、生产者之间的沟通交流。

（五）准则检验

县里将研究社会形势的变化和指导方针的运用状况，根据需要进行重新评估。

附件1:

关于转基因作物种植的指导方针

农园第 1886 号

平成 18 年 3 月 31 日

兵库县农林水产部长通知

一、现状认识

转基因技术在各个领域正在加速应用,在农业领域中也被认为对未来的农业生产有很大的实际价值。

转基因作物和食品通过基于"通过转基因生物等的使用等限制来确保生物多样性的相关法律"(以下称为"卡塔赫纳法")、"食品安全基本法"、"食品卫生法"等的科学评价来确认安全性,其安全性得到确认的作物和食品在国内已种植使用。

另外,关于利用转基因作物食品的标识,根据《农林产品标准及适当标识法》(以下称为《JAS 法》)等法律,该食品有标识的义务,以让消费者得到选择。

但是,关于转基因作物和食品,消费者对长期摄取是否影响健康、种植该种作物是否对环境造成伤害等事项令人担忧,生产者则忧虑若由转基因作物与一般作物杂交或在销售、传递时发生混杂,将会在生产及流通上引起混乱,并会造成产地品牌价值下降。

基于以上情况,县政府有必要在种植基因作物方面采取必要的措施,确保消费者和生产者双方均感到放心。

二、指导方针

知事为了确保消费者及生产者对县农产品的安全感，根据下面提出的方针采取必要的措施。

（1）对转基因作物的种植，实施适当的指导，以便进行必要的种植管理等，防止生产流通上的混乱。

（2）在转基因作物的流通、销售以及以转基因作物为原料的食品的加工、销售过程中，为了有助于消费者选择食品，实施食品标识的监督指导，以便做出正确的标识。

三、定义

（1）在本指导原则中，转基因作物是指根据卡塔赫纳法第 4 条获得第一类依法批准的作物。

（2）在本指导原则中，田区是指县内的水田、旱田、树园地以及牧草地。

（3）在本指导原则中，转基因作物生产者是指计划或者在县内农田种植转基因作物的人。

（4）在本指导原则中，国家实验指南是指《第一种依法批准转基因作物种植试验指南（平成 16 年 2 月 24 日农林水产省制定）》。

（5）在本指导原则中，同种种植作物是指能够与国家实验指南附表规定的转基因作物杂交的同种及近缘作物。

四、指导机制

知事在县域农业者团体、市町、农业合作社等相关人员的协助下，对转基因作物生产者的实施方案进行有效指导。

五、信息收集

知事在相关人员的协助下，收集关于转基因作物生产者的生产计划和生产状况的信息。

六、种植计划的提出

1. 转基因作物生产者在将转基因作物播种或定植到田间前一个月，将记载以下事项的种植计划书（附件1），经由管辖计划种植转基因作物的农田所在地的县农业局提交知事。

（1）种植地点

（2）种植作物及品种名称

（3）种植面积

（4）种植期

（5）与当地居民达成共识的方法

（6）防杂交、混杂措施

（7）收获物处置

2. 在计划种植转基因作物田区的邻近地区，若有生产同种种植作物种子或种苗的田区，或有机生产同种种植作物的情况，政府部门将向生产者要求不得种植转基因作物。

七、事先达成共识

在将转基因作物播种或定植到农场之前，转基因作物生产者应对当地居民等说明种植计划的内容并达成共识。

八、防止杂交、混杂措施的实施

1. 转基因作物生产者应根据国家实验指南的内容，采取防止与同种种植作物杂交、混杂的措施。

2. 在实施防范措施但发生杂交、混杂的情况下，转基因作物生产者应当查明其原因，并采取必要的补救措施。

九、报告的提交

转基因作物生产者应当在种植结束后一个月内向知事提交记载第六项所述的各项内容实际结果的报告。

十、实施情况的调查确认

知事应根据需要调查确认转基因作物生产者采取的第七和第八项措施的实施情况。

十一、要求终止种植

1. 政府部门要求，如果转基因作物生产者在没有提出第六条种植计划的情况下进行种植，或者根据第十条实施情况的调查确认，在没有采取充分措施的情况下种植转基因作物，则停止其种植。

2. 知事在转基因作物生产者不响应停止种植要求的情况下，对该转基因作物生产者提出停止种植的劝告，不听从劝告的将在县主页等途径公布该作物生产者姓名。

十二、种植计划书等的公布

知事将在县政府网站等媒体上公布关于第六条计划书、第九条报告的内容。

十三、收获物等的标识规定的落实

1. 流通销售县内收获的转基因作物的，以及制造销售以该转基因作物为原料的加工食品的，应按 JAS 法和食品卫生法进行标识。

2. 知事应根据需要调查确认标识的实施状况。

3. 知事在调查确认标识的实施状况时，如果发现不正当标识，将根据 JAS 法及食品卫生法采取措施。

十四、提供信息和促进理解

知事在向公众通俗易懂地提供转基因技术和作物等相关信息的同时，促进政府部门和消费者、生产者之间的沟通交流。

十五、准则的验证

知事应研究社会形势的变化和本指导准则的运用状况等，在适当的情况下重新审视其内容。

十六、其他

除本指导准则规定的内容外，有关准则实施的必要事项由农林水产部长另行规定。

附则　本指南自平成 18 年 4 月 1 日起施行。

附件 2

转基因作物种植计划书（报告书）

平成　年 月 日

兵库县知事

地址：

姓名：

印章

联系电话：

转基因作物种植计划书（报告书）

1. 田地（地址）

2. 种植作物及品种名称

3. 种植面积

4. 种植期

5. 与地区居民等达成共识的计划（实际情况）

包括：日期、地点、达成共识的方法、对象

6. 防止杂交、混杂措施

（1）防止杂交措施

（2）防止混杂措施

7. 收获物情况

记载收获物售出、废弃等的处理计划（实际情况）。发货的情况下还需记录发货地址。

附件 3

批准转基因作物种植试验指南

平成 16 年 2 月 24 日 15 农会第 1421 号

最终修订：平成 20 年 7 月 31 日 20 农会第 606 号

农林水产省农林水产技术会议事务局局长通知

一、总则

1. 目的

本指南是根据《关于通过限制转基因生物的使用来确保生物多样性的法律》（平成 15 年第 97 号法令）（以下称为"卡塔赫纳法"）第 4 条或第 9 条规定经第一类依法批准的转基因作物（以下称"转基因作物"）自行或受委托进行的种植试验（以下简称种植试验）的实施时规定应遵守的事项。

2. 定义

（1）本指南中，"同种种植作物等"是指作为可与转基因作物杂交的同种及近缘种植作物，按转基因作物附表规定的种植作物。

（2）在本指南中，"研究所等"是指农林水产省所掌握进行试验研究的独立行政法人的各研究所及各研究中心。

（3）本指南中，食品安全性批准作物是指根据食品卫生法（昭和 22 年法律第 233 号）规定的食品、添加物等标准（昭和 34 年厚生省告示第 370 号），公布了经过厚生劳动大臣规定的安全性审查手续的转基因作物。

（4）本指南中，饲料安全性批准作物是指根据确保饲料安全性及改善质量相关法律（昭和 28 年法律第 35 号）规定的饲料及饲料添加剂成分规格等相关省令，经农林水产大臣规定的安全性审查手续的转基因作物。

（5）本指南中，种植试验区划是指种植试验中转基因作物使用的区划。

二、种植试验的实施

1. 种植试验计划书的制定

打算进行种植试验的研究所等按照记载了以下事项的转基因作物种植试验计划书（以下简称计划书）进行制定。另外，研究所等有多个种植试验计划时，也可以将它们包括在内，制定一个计划书。

（1）种植试验的目的、概述。

（2）转基因作物有关事项。

（a）农作物的名称；

（b）批准取得转基因作物种植许可的年月日，正在申请批准的情况下表示正在申请中；

（c）转基因作物食品安全性、饲料安全性的符合性。

（3）整个种植试验预计实施期限，每年度开始种植（进行移植的是移植，不进行移植的是播种，以下相同）预定时期及种植结束预定时间。

（4）种植试验区划位置（研究所等内部区划配置）及转基因作物的种植规模。

（5）防止与同种种植作物等杂交措施的有关事项。

（a）防止杂交措施内容；

（b）采用隔离距离防止杂交时，隔离距离内同种种植作物等种植区域的位置；

（c）获批食品安全、饲用安全的相关内容。

（6）研究所内防止混入收获物、实验材料的措施。

（7）种植试验结束后转基因作物及隔离距离内同种种植作物的处理方法。

（8）提供与种植试验相关的事项信息。

（9）其他必要事项。

2. 预防杂交措施

为了防止与研究所之外的一般农家种植的同种种植作物的杂交，以及与研究所等之内种植的同种种植作物的杂交，采用以下任一种防止杂交的措施（在开花前结束种植试验的情况除外）。

（1）利用隔离距离防止杂交的措施

采取隔离距离防止杂交时，应当采取以下措施：

对不同试验物种，应与同种种植作物的隔离距离大于下表规定的应隔离距离。

表　转基因作物试验种植隔离距离

转基因作物	应与同种种植作物的隔离距离
水稻	30 m
大豆	10 m
玉米（仅限于获批食用、饲用）	600 m 或有防风林时 300 m
油菜（仅限于获批食用、饲用）	600 m 或在转基因作物周围开花期间重叠时种植 1.5 m 宽的常规油菜为缓冲带时为 400 m

（a）根据过去的数据，选定开花期的平均风速不超过 3 m/s 的场所进行。在该情况下，设想台风等特别强风的情况下，也利用防风网进行抑风或除雄。

（b）水稻和大豆因开花前低温预计有杂交可能性时，应采取（2）规定的防杂交措施，或开花前停止种植试验。

（c）关于水稻和大豆，以不是获批食用安全、饲用安全的转基因作物为种植试验对象的，应当根据以下内容实施监测措施。

① 指标作物的种植：

i）用于在研究所和外部边界附近调查确认杂交的同种种植作物等（以下称为"指标作物"）按照开花时间重复的方式种植。

ii）确认用于试验的转基因作物的开花期间与指标作物的开花期间重复。

② 杂交确认的方法

是否杂交的确认，是收获指标作物的种子，提取其中至少 1 万粒，通过以下任意一种方法进行确认：

i）可以特异性检测转基因作物导入基因的 PCR 等分析方法；

ii）转基因作物的导入性状为耐药性时，根据有无耐药性进行确认。

（2）基于隔离距离的杂交防治措施

未采取规定隔离距离的种植试验，对转基因作物应当采取下列防杂交措施之一：

（a）开花前的摘花、除雄或挂袋；

（b）用针织品覆盖开花中的风媒、昆虫引起的花粉移动，或在温室内种植；

（c）听取专家意见和农林水产省技术会议事务局局长规定的措施。

3. 研究所内防止混入收获物、实验材料的措施

为防止研究所内的收获物、实验材料中混入转基因作物，应采取以下措施。

（1）种植试验的种子、种苗的区分管理

试验所用转基因作物的种子种苗，应与其他作物区分保管。

进行育苗、播种、定植准备时，应避免混入其他作物的种子种苗。

从种子种苗管理场所搬运到种植试验区域时，应防止种子种苗遗撒到其他区域。

注意不要让转基因种子种苗因鸟类等的食用而扩散。

（2）种植试验中使用的机械设施等的清洗

种植试验应使用专用设施，或在种植试验相关的各项作业结束后进行

清洗清扫。

从种植试验区域搬出机器时，应在种植试验区域内掸掉附着在机器上的尘土和种子种苗。

（3）转基因作物收获物管理

转基因作物的收获物，应当与其他作物的收获物严格区分保管管理。

（4）种植试验结束后转基因作物的处理

转基因作物及该种植试验采取隔离距离防杂交措施时在隔离距离内种植的同种种植作物等，在试验结束后的处理等应依据以下内容。

本年度种植试验结束后，除研究目的所需以外的转基因作物等，应进行对所有种植的区域进行铲除、堆肥、焚烧及其他不再生植物体的处理。

进行转基因作物处理时，需要运出研究所外或试验区域外时，应采取措施防止搬运中转基因作物的溢出。

（5）转基因作物等的地块上处理后茬收获物

在种植了转基因作物的区域中，作为下一茬作物或下一年度作物的收获物，除在开花前提前收取的情况，及在该区域的收获物中有不混入转基因作物等的明确理由外，应与转基因作物的收获物作同样处理。

三、种植试验相关信息提供

1. 种植试验开始前提供信息

（1）公布计划书

在种植开始的一个月前，应将计划书的内容登载在研究所等网站上，进行新闻发布等。此时，也一并通知关于召开说明会的情况。

（2）召开说明会

计划书公布后，应尽快召开说明会。

（3）跟进（1）及（2）

外界对计划书有意见时，应努力提供信息和交换意见，对计划书中记载的内容进行科学解释和相关信息的简要说明等。

2. 提供有关种植试验过程的相关信息

（1）提供有关种植试验过程的信息

在主页上酌情登载关于种植试验过程信息的同时，努力举办参观会。

（2）种植试验结束后的信息提供

本年度种植试验结束时，关于试验结束及试验结果的信息等应登载在主页上。

关于转基因作物等，根据计划书中记载的方法处理完毕后，应将其内容登载在主页上。

关于种植试验的结果，准备就绪的时候，公布其概要，应适当地在主页上登载和召开说明会等。

四、种植试验相关管理机制的完善

研究所等在开展种植试验时，应根据以下内容完善管理机制。

1. 种植试验负责人的提名

研究所所长指定种植试验负责人，负责以下事务。

①计划书的制定（包括计划书制定所需的研究所内部的调整）；

②计划书实施情况的调查确认；

③向试验管理员等负责种植试验作业的人宣贯计划书；

④对信息采集员等负责提供信息的人实施培训；

⑤与试验管理员、信息采集员保持密切联系，在发生意外情况时及时掌握信息并采取相应措施 。

2. 试验管理员的提名

研究所所长或组长指定试验管理员，进行以下事项。

①转基因作物种子种苗、收获物管理；

②调查确认防止杂交措施是否按照本指南正确进行；

③调查确认防止混杂的措施是否按照本指南正确进行；

④调查确认种植试验结束后的转基因作物等的处理是否按照该指南正确进行；

⑤完善联络机制，进行①至④的事项。

3. 信息采集员的提名

研究所所长或组长指定信息采集员，进行以下事项。

①调查确认种植试验相关信息的提供是否按照本指南妥善进行；

②完善联络机制，进行①事项。

五、其他

1. 基于科学知识和运用结果等的重新评估

本指南应根据制定以后科学知识的充实和指南的运用结果等，在适当的情况下适当重新审视内容。

2. 过渡措施在卡塔赫纳法中的应用

根据卡塔赫纳法附则第 2 条第 3 款的规定，第一类依法批准的转基因作物，在本指南上视为转基因作物。

3. 农林水产省技术会议事务局调查确认实施情况

农林水产省技术会议事务局关于研究所等实施的种植试验，根据需要调查确认防止杂交措施及信息提供等的实施状况。

附表　转基因作物和其同种种植作物

转基因作物	左边作物的同种种植作物
苜蓿（*Medicago sativa*）	苜蓿（*Medicago sativa*）
水稻（*Oryza sativa* L.）	水稻（*Oryza sativa* L.）
油菜（*Brassica napus*）	油菜等（*Brassica napus*） 包括白菜、小白菜等（*Brassica rapa* sp.） 芥菜等（*Brassica juncea*） 芥蓝（*Brassica alboglabra*）
大豆（*Glycine max* L.）	大豆（*Glycine max* L.）
玉米（*Zea mays*）	大刍草（*Zea mays* subsp. *mexicana*） 玉米（*Zea mays*）
西红柿（*Lycopersicum esculentum* Mill.）	西红柿（*Lycopersicum esculentum* Mill.）
马铃薯（*Solanum tuberosum*）	马铃薯（*Solanum tuberosum*）
陆地棉（*Gossypium hirsutum* L.）	陆地棉（*Gossypium hirsutum* L.）
甜菜（*Beta vulgaris*）	甜菜、丹甜菜等（*Beta vulgaris*）
木瓜（*Carica papaya* L.）	木瓜（*Carica papaya* L.）